复利思考

姜镪 编著

用复利思维种下财富的种子

中国纺织出版社有限公司

内 容 提 要

复利思考是一种思维模式，拥有这种思维模式的人会长期坚持做某件事情，使事情的收益以指数的方式增长。在时间的酝酿下，简单的重复将会起到出人意料的效果。复利思考下，不仅好的成果会呈现奇迹般的增长，小的错误也会不断累积叠加，最后导致雪崩式的可怕结果。

本书以很多日常小事为切入点，讲述了复利思考对于生活的影响。诸如财富投资、知识学习、健康管理等，都是可以实现复利的领域，关键在于坚持重复。相信在阅读本书之后，读者朋友们对于复利思考会有更加深入的了解，也能够学以致用，让复利思考帮助人生实现飞跃。

图书在版编目（CIP）数据

复利思考 / 姜镪编著.---北京：中国纺织出版社有限公司，2023.8
ISBN 978-7-5229-0544-0

Ⅰ.①复… Ⅱ.①姜… Ⅲ.①成功心理—通俗读物 Ⅳ.①B848.4-49

中国国家版本馆CIP数据核字（2023）第073130号

责任编辑：邢雅鑫　　责任校对：高　涵　　责任印制：储志伟

中国纺织出版社有限公司出版发行
地址：北京市朝阳区百子湾东里A407号楼　邮政编码：100124
销售电话：010—67004422　传真：010—87155801
http://www.c-textilep.com
中国纺织出版社天猫旗舰店
官方微博 http://weibo.com/2119887771
天津千鹤文化传播有限公司印刷　各地新华书店经销
2023年8月第1版第1次印刷
开本：880×1230　1/32　印张：6
字数：89千字　定价：49.80元

凡购本书，如有缺页、倒页、脱页，由本社图书营销中心调换

前言

在如今的时代里，几乎每个人都渴望着成功，但并不是每个人都能如愿。很多时候，并非我们不够努力不够勤奋，只是因为我们没有掌握努力和勤奋的方法，所以才会始终默默无闻，平淡无奇。成功虽然没有捷径，但是努力和勤奋一定是有方法的。掌握了方法，就能事半功倍；没有掌握方法，就注定事倍功半。

在经济领域中，很多人都非常熟悉复利，而把复利的含义拓展到经济领域之外，用其描述一种通用的思考方式，仍是让人耳目一新的。不可否认的是，开始做正确的事情时一定是非常艰难的。但是，如果我们知道复利思考的奥秘，我们就能笃定内心，坚持下去。

很多成功都是复利思考的产物。不追求一夜暴富，也不奢望一蹴而就的成功，而是脚踏实地、扎扎实实地做好每一件小事，这样才能积少成多，才能在达到一定的量之后取得质的飞跃。人生，从来不是百米冲刺，而是马拉松长跑。所谓复利思考，既要讲求效率，也要努力坚持，真谛在于慢。这与《论语》中欲速则不达的道理不谋而合。

让我们做的事情随着时间的拉长，边际收益不减反增，我们才能获得更大的收益。这就是复利的道理。当下社会，信息泛滥成灾，我们要想从良莠不齐的信息中找到真正能够指导自己努力方向的信息，找到正确的方法让自己获得成功，谈何容易呢？没关系，这本书对于上述问题给出了全新的答案。

在学习了复利思考之后，我们不会再轻视自己现在所拥有的微不足道的一切，因为正是这些琐碎和细小的东西，为我们将来获得梦想中的财富奠定了坚实的基础。谁说必须在积雪厚重的雪地里才能把雪球滚得越来越大呢？事实证明，只要有足够湿润的雪，只要有足够长的坡，我们就会滚出大雪球。

复利思考让每个人都渴望自己变得更好，也相信自己一定能够变得更好。从认命般地接受命运的安排，到全力以赴地追求"复利人生"，转折点就在你认真阅读这本书之后。所以，这本书不仅是关于复利思考的，更重要的是它能够帮助读者朋友们开启获取人生复利的大门。

阅读本书，我们原本墨守成规的思维方式会改变，我们原本按部就班的人生很有可能就此起飞。在现代社会，底层认识是复利的基础，我们必须持续地增加大脑中的思维模型，并且有意识地加以练习，渐渐地形成匠心精神，才能真正潜下心来专注地做好当下的每一件事情。除此之外，复利思考还表现在健康维度、财富维度和能力维度等人生中的诸多维度中。一个人必须具备持续学习的动力，才能实现复利思考，一个人也必须拥有复利思考，才能不断更新大脑中的认知，让人生的很多方面都实现飞跃。

在现实生活中，复利的应用场景无处不在，我们可以用复利思考管理学习、工作、生活、成长、时间等。很多事情原本看似一团乱麻，但只要运用复利思考加以思考和整理，马上就会变得秩序井然，效率倍增。尤其是现代职场中的年轻人，学习复利思考更是会受益匪浅。具备复利思考的年轻人，找工作时不会仅仅关心工作环境、薪酬水平等，他们不会鼠目寸光，而会更关心未来职业发展的前景，以及公司能够提供的平台有多大。具备复利思考的年轻人拥有大格局，对于未来也有更加鲜明和准确的规划。

在日常生活中，复利思考也是必不可少的。如今，很多人都处于亚健康状态，一则是因为工作节奏紧张，压力巨大；二则是因为没有坚持规律作息和均衡饮食；三则是因为忽视体育锻炼，身体素质越来越差。在学习了复利思考之后，健康复利的意识使很多年轻人都心甘情愿地改变不良生活习惯，坚持运动和健身，真正告别亚健康状态，重获革命的本钱。

总而言之，复利思考的含义是非常广泛的，每一个积极进取、追求进步的人都可以阅读本书，并从中找到对自己有价值的部分！

编著者

目录

第一章 CHAPTER 1 | 比勤奋更能带来成功的是复利思考 ▶▶ 001

- 什么是复利思考　　003
- 人生就像滚雪球　　008
- 复利思考好处多多　　012
- 复利的增长未必风风火火，也可慢慢悠悠　　016

第二章 CHAPTER 2 | 复利人生必须具备的优秀品质 ▶▶ 021

- 复利思考是人生的首要策略　　023
- 保持正确的方向，坚持努力　　026
- 笑到最后的人才笑得最好　　029

第三章 CHAPTER 3 | 在生活中运用复利思考 ▶▶ 033

- 和时间成为好朋友　　035
- 避开认知误区，发展自身能力　　039

换个角度思考问题，学习倒推	044
不要盲从他人，而要坚定自我	049
专注，才能更加专业	053
投入最小成本，获得最大收益	058
洞察事物的本质	062
统筹时间，分身有术	067
确定边界感，认知所有权	071

第四章 财富复利：
CHAPTER 4　钱不是万能的，没有钱是万万不能的
▶▶ **077**

贴现思维的独特魅力	079
让时间酝酿财富	084
最大限度实现时间的价值	088
及时止损，也是一种收益	093
运用经济思维思考问题	098

第五章 知识复利：
CHAPTER 5　让知识形成习题，用学习构建模型
▶▶ **103**

论方法论的重要性	105
什么是学习力	109
让努力实现最大价值	113

避免重复思考的脑力浪费 117
学会追问 121

第六章 能力复利：实现人生的最大价值
CHAPTER 6

▶▶ **125**

论竞争对手的重要性 127
每个人都需要内部驱动力 132
田忌赛马的智慧 136
居安思危，远离温水煮青蛙的危机 141
认清自己，才能成长 147
把一件事情做到极致 152

第七章 健康复利：拥有健康是做一切事情的基础
CHAPTER 7

▶▶ **157**

以结果为导向，才能实现初心 159
持续发展的人生不需要太用力 164
远离坏习惯，形成好习惯 168
掌控欲望，才能掌控自我 171
抱怨，只会让事情更糟糕 175

参考文献 **179**

第一章

比勤奋更能带来成功的是复利思考

一直以来，人们都以为勤奋是通往成功的唯一道路。其实仅靠勤奋是不够的，为了让勤奋取得更好的效果，我们必须坚持复利思考，因为只有采取复利思考，才能让很多坚持的效果突显出来，也通过指数增长的方式取得质的飞跃。

什么是复利思考

某个清晨,一大片池塘里突然出现了一块小小的浮萍,不知道这块浮萍是夜里出现的,还是伴随着黎明的阳光出现的。它增长的速度很快,每天都比前一天增大了一倍。按照这样的速度,这块小小的浮萍应该只需要10天就能把整个池塘都长满了。那么,我们不妨认真思考一下,这块浮萍到底需要多少天才能够覆盖半个池塘呢?也许有人会不假思索地回答"5天",遗憾的是这个答案是错误的。如果你精于计算,或者细于观察,你就会发现,在第9天,浮萍将会遮挡住半个池塘。听到这里,兴许你感到万分惊讶吧,浮萍需要10天的时间长满整个池塘,怎么会到第9天才能长满半个池塘呢?难道,浮萍在第10天这1天内的生长量就达到了前9天的总和吗?的确如此。

浮萍每天都比前一天增大一倍,到第9天才能长满半个池塘,但是到了第10天,只用了短短一天的时间,它就能长满整个池塘。这件事情听起来极具魔幻色彩,也使人感到难以置信,但是事实就是这样,这是毋庸置疑的。现实生活中,很多事物都并非保持匀速生长,而是前期生长得慢,后期却生长得很快。例如,有一种竹子在前面的几年之中只能长高几厘米,但是到了后面的某一年,只需要一年时间就能长高几十厘米,这样的生长速度是令人震惊的。同样的道理,人的财富也会呈指数增长。例如:一个人花费了很长时间只能积攒几十万元的财富,但是在有了几十万之后,只需要翻一倍,就可能成为百万富翁;同样的道理,一个人用了若干年才积累了五千万元,但是在一天的时间内让财产翻倍,就成了亿万富翁。这样的增长堪称神奇,却是有可能发生的。

　　说起复利,我们很容易想到金融领域中的复利。复利最早起源于金融领域,指的是在计算利息的时候,用本金加上前一个周期的利息总额,来计算下一个周期的利息。这就是人们常说的利滚利,就是让利息也生出利息来,从而实现最大限度获得财富的目的。在漫长的人生中,如果我们也能够把每次努力拼搏获得的成果,纳入人生的利息计算范畴中,那么我们的人生也能实现利滚利,这可是一笔很大的红利呢!当然,人生的复利并不像金融领域的复利那样计算很简单，毕竟人生中的各种资本实现利润的方式与金钱是不同的。这就更加要求我们形成复利思考，也更好地预见到人生中各种资本的利润，从而获得美满充实且成功的人生。

而所谓复利思考，直白地说，就是利滚利思维。作为一种思维方式，复利思考致力于使一件事物呈现指数增长。复利的本质是循环，即通过完成某件事情，产生一种结果，而这种结果的出现又使这件事情得以增强，由此陷入循环往复的状态之中。所谓复利思考，就是在对待生活、学习和工作的过程中运用复利的思维方式。

很多人都知道一张普通的纸并没有多么厚，但是假设可以将一张0.1毫米厚的纸不断地对折再对折，只需要重复64次，那么这张纸对折的厚度就将超乎我们的想象，达到184,467,441万公里。作为普通人，我们很难想象这个长度到底有多长，不妨采取比较的方法，以地球和月球之间的距离——38.4万公里作为比较，我们就不难理解一张纸连续对折64次之后的高度有多么高了。

运用复利思考，简单地说，就是重复做简单的事情，认真做重复的事情。复利思考有两个核心因素，一个核心因素是时间，另一个核心因素是回报率。哪怕只是在做一件看似回报率不太大的投资行为，只要能够坚持足够的时间，那么将会得到天文数字的回报。所谓回报率，顾名思义就是做一件事情能够得到多少回报。每一个投资者都渴望得到高回报，然而，高回报往往意味着高风险。所以我们无须为了追求高回报就承担高风险，只要把握住时间，即使没有过高的回报率，也能以相对稳妥的方式获得想要的回报。

在现实生活中，很多事情都是有复利的。例如：知识的复利，和没有创造力的知识比起来，有创造力的知识更能够创造复利；财富的复利，很多信用卡或者借贷都是采取复利方式计算利息的；健康的复利，现代社会中虽然很多人都意识到健康的重要性，但是能够坚持锻炼身体，保持身体健康的人却少之又少。其实，获得健康复利，最重要的在于养成良好的生活习惯。例如：杜绝熬夜，每天按时摄入营养均衡的一日三餐，每天坚持锻炼。这些事情虽然说起来容易做起来难，但是当我们对此怀有慎重的态度时，发挥毅力努力坚持到底，我们自然就能收获健康的身体。除此之外，生活中还有很多复利现象。

很多人在洞察复利的奥秘之后，认为自己找到了通往财富的捷径。其实，我们要把复利效应和一夜暴富区别开来。一夜暴富是在短时间内突然发财，但是复利却需要漫长的时间进行财富发酵，也许需要一个人投入一生，也许需要几代人不懈努力。总之，复利是不可能在短期内实现的。

● 复利思考

人生就像滚雪球

很多人认为,复利必然是与财富有关的,其实,知识体系才是复利的根本。从事物的本质出发进行分析,我们就会发现复利涵盖的内容非常广泛,不但包括财富,更是以思维方式为核心的。具体来说,所谓思维方式,就是认知的知识和能力。

要想形成复利思考,建立知识体系是关键。知识体系的输入,决定了思维能否持续地成长。其中,底层是思维进化的过程,中层促使能力圈不断放大,而应用层促使知识变现。在时间的推移中,底层知识也许会保持不变,但是应用层知识却得以持续增加,表现出每个人的能力高低。当把应用层知识转化为底层知识,也就相当于扩大了能力圈。而能力圈的扩大,反过来又促进应用层具备更多的变现方式,由此使个人的学习和成长进入良性循环之中。

本金和利率是复利的两个重要因素。如果从投资理财的角度对复利思考进行分析,那么简而言之,复利思考就是提高做事的标准和效益。除此之外，还可以利用复利，使做一件事情具有重复的收益。

虽然慢，但是始终保持连续不断，则是复利模式的一个重要特点。这个特点同样适用于个人成长，即只要每天都能坚持进步，哪怕进步的幅度很小，日积月累，就能取得显著的进步。如果能够持之以恒，在若干年的时间里始终保持每天缓慢进步的状态，那么这样的成长也将会是惊人的。对于复利缓慢持续增长的特点，金融学家香帅说："在复利增长的模型里，不怕增长率微小，就怕过度波动，因为这些波动会把你的增长吞噬掉。"不管做什么事情，成长也好，投资也罢，都需要时间。在现实生活中，很多事情都能够实现复利积累，重要的是发现并持续投入。

有人说，人生是一场未知的旅途；有人说，人生是一场又一场的冒险。其实，人生是无数个选择的叠加。在生命的旅程中，一个人每时每刻都面临着选择，都需要做出选择。每一次选择不但会对现在产生影响，也会对未来产生影响。从因果的角度来说，每个人的选择都是因，每个人因为不同的选择而收获的就是果。这里所说的果，其实也是复利的一种。

在学习的过程中，很多情况下，我们并不知道自己所学的知识将会起到怎样切实的作用，然而因为不得不学习，只好

复利思考

选择囫囵吞枣地把相关的知识生咽下去。然而，终有一天，我们在又学习了一个新知识点之后，突然茅塞顿开，意识到自己此前学习的很多知识点与新知识点之间都是有着紧密联系的，因而当即把这些知识点联系起来，起到了触类旁通、举一反三的作用。刚开始时，我们只是以简单相加的方式来积累知识。随着知识的储备量越来越大，不断积累的知识就会以相乘的方式呈现爆发式增长，我们的内心也会因此而恍然大悟。

对于一个人的人生而言，每天都是复利。对于呱呱坠地的新生命而言，复利思考的发源地就是家庭，孩子会因为得到优质的教育资源而获益良多，也会因为拥有开阔的眼界而形成人生大格局。有朝一日孩子离开家，去大学里学习和生活，又在大学毕业后进入社会，拥有一份工作，这都是成长，每一次成长的本质就是复利。

在人生刚刚开始时，复利思考的效应不能凸显出来，很多人也对于复利不甚了解。这使很多人在遇到困难之后，会选择放弃，而不愿意继续坚持下去。这就中断了复利累加的时间，使复利失去了最重要的特点，即缓慢地持续。反之，那些能够排除万难始终坚持的人，随着掌握了更多的知识，积累了更多的经验，把加法变成了乘法，最终因此而收获了了不起的人生。

在我们的身边，总有些人特别优秀，特别努力。我们也许想不明白他们已经这么优秀了，为何还要坚持努力呢？但是对于他们而言，他们很清楚人生就像滚雪球，不但要找到足够湿润的雪，还要找到足够长度的坡，这两者是缺一不可的。

○ 复利思考

复利思考好处多多

前文中,我们已经针对复利思考进行了简单的介绍。那么,复利思考在我们的生活中到底有哪些好处呢?要想明确这个问题,我们就要了解三种"复利场景"。这三种场景是非常常见的,深入透彻地研究这三种场景,对于我们深入了解复利思考大有裨益,对于我们最大限度发挥复利思考的好处也大有裨益。

第一种复利场景,是健康复利。

现代社会中,随着生活的节奏越来越快,竞争的压力越来越大,很多职场人士都处于亚健康状态,每天为了应付工作而殚精竭虑。尤其是在大城市中,很多上班族居住的地方离公司很远,每天都要花费很多时间通勤,这使他们更加疲惫和心力交瘁。有些上班族年复一年、日复一日地过着这样的生活,经常会感到迷惘,不知道自己留在城市里努力打拼的意义是什么。也有些年轻人因此而患病,失去了健康,追悔莫及。

当然,要想马上就改变自己的生存状态显然是很难的,当务之急在于实现健康复利。说起健康，很多读者朋友第一时间就想到要大量运动，还要长期坚持。没错，投入时间是必要的，但是大量运动却不是必需的。要想实现健康复利，我们可以以循序渐进为原则，先少量运动，再渐渐地加大运动量。此外，也可以始终保持少量运动，但是必须长期坚持下去，绝对不能疏忽懈怠。举个简单的例子：一个人哪怕每天只能跑步10分钟，或者只能做20个仰卧起坐，只要能够坚持下去，日久天长，就会起到良好的效果；反之，一个人哪怕一天之内做了200个仰卧起坐，或者跑步3小时，但是次日就躺平了，再也不愿意坚持锻炼，那么效果也只能是零。

从这个意义上来说，健康复利的实现必须具备时间因素，不管每天锻炼的强度如何，都要持之以恒。除了要坚持锻炼之外，还要坚持健康饮食和规律作息。如今，很多年轻人都是不折不扣的夜猫子，每天深夜还不睡，早晨赖床不想起，还有些年轻人对身体健康满不在乎，每天靠着咖啡、奶茶等保持精神头，长此以往，身体不出问题才怪呢！

第二种复利场景，是知识复利。

要想实现知识复利，必须保证内容的生命力。具体来说，内容应该是具有创造力的，也应该是能够繁殖的。在经过创新之后，旧的知识体系将会被转化为新的知识体系，甚至还能转化为创意或者文化等，这些都为我们的心智成长产生积极的影响。

一直以来，很多人都把知识看作是彼此孤立的，认为不同的知识之间并没有关联，这样的观点大错特错。事实告诉我们，知识体系之间都是彼此关联的，在把知识积累到一定程度之后，原本看似无关的知识就能够一触即通，就像多米诺骨牌一样引发知识体系的连锁反应。如果把知识比作是砖块，那么当我们积累了大量砖块，就可以在水泥的帮助下，根据建筑图纸利用这些砖块建造高楼大厦。所以每个人学习的目的不但是为了储存砖块，更是为了最终把砖块与砖块连接起来。当各种不同的知识之间建立联系，就能促使我们的整体认知升级，最终实现知识的复利。举个简单的例子来说，在知识领域中，1+1通常等于2，但有了复利思考，1+1也许大于2，甚至还有可能远远大于2。很多人死读书，读死书，就是没有把各种知识触类旁通联系成一体，这无疑会使学习的效果大打折扣。

第三种复利场景，是财富复利。

从创业的角度来说，如果把足够多的资金投入正确的领域，就能产生财富复利。

如今，很多企业都会开连锁店，就是把成功的经营理念和管理模式复制到新开的门店中，从而不断扩大规模的经营方式。在此过程中，必须保证完全复制，否则就会因为管理不到位而出现差错，甚至导致经营失败。

不管是身体复利、知识复利还是财富复利，对于每个人的人生发展都会起到至关重要的影响。对于个人而言，只有以这些方式实现个人成长的复利，才能让自己变成期望的样子，才能拥有自己想要的人生。大多数人在呱呱坠地之时并没有明显的区别，先天条件都是相差无几的，之所以后来经过成长变得越来越不同，是因为每个人从出生之后就开始了各自的学习。我们不但要学习各种知识、各种技能，还要学习如何为人处世等。有的人没有耐心坚持学习，在学习了短暂的时间之后就选择放弃学习，早早地步入社会摸爬滚打，跌跌撞撞。相比之下，有些人则很愿意学习，他们始终脚踏实地地学习，最终在某一天通过持续学习获得了复利式爆发，或者获得了更高的学位，或者获得了更高的职位，或者得到了更多的薪水。正是因为复利效应，才帮助他们渡过了人生发展的瓶颈期，进入更为广阔的人生天地中。当然，除了系统的校内学习之外，还有很多方式可以利用，例如：可以坚持阅读，坚持参加各种有用的培训，坚持积累丰富的人生经验等。

○ 复利思考

复利的增长未必风风火火，也可慢慢悠悠

提起复利，很多人都会先入为主地认为复利一定是大张旗鼓、风风火火的。其实不然。正如我们前文所说的，复利思考的一个重要特点就是缓慢地持续。这意味复利的增长未必都是风风火火的，也可以是慢慢悠悠的。

相信大家都听说过南辕北辙的故事，那么就会知道如果方向错了，不管多么努力，都不可能实现预期的目标。如果是一场旅程，那么错误的方向还会使我们越来越偏离目的地，那些原本有利于实现目标的手段和条件，都会变成负面因素。复利也是如此，如果说有什么事情是比奋斗更重要的，那就是在正式开始奋斗之前先确定正确的目标，从而明确方向。那么，何为正确的目标呢？它的意思是，朝着这个目标的努力在未来是会有结果的。在此过程中，我们还要慎重思考这个行为是否值得长期坚持，某件事情是否值得长期投入。当一件事情不但需要投入大量的时间和精力，而且会导致我们无法保质保量地按时完成本职工作，那么我们就要认真权衡是否继续这件

事情。

在确定是否应该长期坚持做好某件事情，从而赢得复利时，我们还要衡量做这件事情是否会透支自己。如果我们必须以健康为代价才能获取财富，那么这样的付出就不值得。除了不能牺牲自己的健康之外，我们同样还要维护朋友的利益，不要为了短期目标而透支自己的人际关系。有的时候，我们失去的不仅是一个朋友，还失去了自己的良好信誉，因此影响到自己未来的成长和发展，这必然是得不偿失的。

作为一个重要的人生策略，复利思考要求我们不要透支。既不能透支健康和财富，也不能透支心力和人脉。不管是做人还是做事，都要有大局观。面对变幻莫测的各种事情，我们必须静下心来，保持沉稳，而不要随波逐流，也不要盲目地从众。很多时候，我们也许只是每天透支一点点的健康、财富、人脉和心力，但是随着时间的推移，我们必将失去大部分的健康、财富、人脉和心力。这当然是不可行的。

说起复利，大家还会想到投资回报率。没错，投资回报率是人人都关注的问题，很多心急的人在刚刚付出之后就恨不得马上看到回报或者得到回报。其实，在投资财富方面，很多人为了追求高回报率，总是绞尽脑汁地想办法，挖空心思地走捷径。最终，他们"赔了夫人又折兵"，一无所有。真正明智的人深知高回报总是伴随着高风险,所以他们真正想要的是稳健增长,他们真正看重的是长期回报率。只有那些为了谋求眼前利益不择手段的人才会盲目追求短期回报率,也会因此为了获得短期回报率而忽略高风险。

在资本的市场上,的确有一些人会运用"复利思考"规划人生,并且最终获得了成功。他们都有着难能可贵的品质,那就是不冒进,而是坚持初心,砥砺前行。越是在面对高回报的时候,他们越是能够保持清醒的头脑,透过事物的现象看到事物的本质。这些人运用复利,既实现了知识的进化,也实现了思维方式的进化,还实现了人格的进化。只有实现这三个方面的进化,一个人才能真正地成长起来,走向成熟。

这里说的进化,其实就是认知升级。太多人迫不及待地想要实现认知升级,想要实现个人进化和认知进化。然而,心急吃不了热豆腐。很多事情,欲速则不达。越是急不可耐,越是停滞不前,甚至还会出现倒退现象。基于这一点,我们应该学会"慢"。既然复利思考的特点之一是缓慢地持续,那么我们就要有足够的耐心,这样才能看到因为量的积累而引发的质的飞跃。生活中很多事情都是急不来的,就像一朵花有一朵花的花期,就像煲一锅靓汤必须小火慢煨,就像酿造各种美味的食物必须历经时间的淬炼一样。当我们真正明白了"慢"的真谛,真正做到了慢慢悠悠,我们距离成功实现复利思考就又近了一步。

第二章

复利人生必须具备的优秀品质

不管是怎样的人生，都要以优秀的品质作为基石，这样才能始终坚持正确的方向，才能在人生遭遇坎坷挫折的时候，不忘初心，砥砺前行。优秀的品质为人生保驾护航，也让人生的成长和发展始终保持正确的方向。

复利思考是人生的首要策略

不管在人生的哪个阶段，我们都有可能面对各种各样的危机。危机总是与我们相伴而行，每个人都需要形成正确的复利思考，才能在面对危机时无往不胜。

人与人之间在天赋上并没有巨大的差距，而之所以在后天成长中走上了不同的人生道路，获得了不同的人生成就，是因为每个人的思维不同。一个人拥有怎样的眼界，又能够达到怎样的高度，都是由思维决定的。由此不难推断出，复利思考对于人生的重要影响。

在投资领域，没有人不知道"投资之神"巴菲特的大名。在一生之中，巴菲特获得了大量财富，这是尽人皆知的。但很少有人知道，巴菲特人生中99%的财富，都是在他50岁之后取得的。换言之，巴菲特在50岁之前是一个非常普通的中产阶级，过着和大多数中产阶级一样波澜不惊的生活。在27岁时，巴菲特投资的年复利为20.5%。在50岁之后，巴菲特靠着复利的力量，进入了人生中的财富爆炸期。

○ 复利思考

很多投资理财的专家都和巴菲特一样,在进行资产配置、投资理财的过程中,无论采取多么与众不同和无可挑剔的投资方法,都必须依靠复利才能获得长久的成功。

如果本金始终保持不变,那么投资时长和投资收益率将会影响最终收益。投资的时间越长,投资收益率越高,积累的财富就越多。因而从另一种角度来说,复利的本质是时间的奖励。人生正如滚雪球,只要有足够长的坡,也有足够湿润的雪,就能够滚出大大的雪球。足够长的坡,就是投资的时间。我们必须学会复利思考,才能赢得时间的奖励。我们也必须具备坚守复利的品质,才能赢得时间的奖励。

日本大名鼎鼎的作家村上春树在长达35年的时间里,始终坚持跑步。他一直在奔跑,从位于夏威夷的考爱岛到位于马萨诸塞的剑桥,从日本村上市的铁人三项赛到希腊马拉松的长跑古道。因为坚持跑步,他对跑步颇有心得,因而出版了著作《当我谈跑步时,我谈些什么》,在世界范围内广受欢迎。

因为坚持跑步,需久坐以进行创作的村上春树体质强健,哪怕进入老年,也很少受到病痛的折磨。

不得不说,村上春树坚持跑步所获得的就是一种健康复利。因为跑步,他弥补了长期写作的体能不足;因为跑步,他写了一本与跑步有关的书;因为跑步,他即使年迈也依然身体健康。想想吧,等你到了70岁的古稀之年,你是希望和村上春树一样身体健康,精神矍铄呢,还是希望病恹恹地躺在床上,依靠别人照顾呢?如果想要拥有健康的身体,想要年迈也能来一场说走就走的旅行,我们就必须从现在开始坚持锻炼,将来才能享受健康的复利。

现实生活中,很多事情都是靠着长久的坚持才能产生复利效应的。例如每天坚持在公众号上发表一篇文章,每天坚持阅读两个小时,每天坚持背诵10个英语单词,每天坚持在博客里分享一则有价值的新闻等。这些事情看似很小,坚持却很难。一旦坚持下去,就能获得时间的复利,也因此而收获满满。正如人们常说的,胜利只属于能够坚持到底的人,只有坚持到底的人才能笑得最好。所以我们要做坚持到底的人,我们要在与时间的博弈中获胜。

○ 复利思考

保持正确的方向，坚持努力

如果方向错了，那么一切有助于成功的条件都会变成成功的负面因素，甚至使我们离成功越来越远。反之，如果方向是正确的，那么哪怕努力暂时没有获得成果，我们也要坚持不懈地努力，因为我们并没有走错路，只是努力的程度还不够。

吴晓波，从复旦大学毕业后，从事的第一份工作是新华社的财经记者。从那以后，在长达13年的时间里，他都是一名财经记者。时至今日，吴晓波依然清晰地记得自己刚刚担任财经记者时，月薪仅有70元。即便如此，他也坚持了下来，用十几年的时间深入探索商业，成了合格且优秀的财经记者。1996年，吴晓波开始创作生平的第一本书——《农民创世纪》。正是在这个时候，他给自己制定了一个目标，即每年都写一本书，每年都买一套房。这无疑具有极大的挑战性，况且是以写书赚取的稿费买房，这就更加困难了。但是，吴晓波坚持下来了。从1996年开始，他在很长的时间里都坚持每年实现目标。

在当时，房地产还没有开始飞速发展，房价也还没有高到令人望而却步的地步。即便如此，他也必须节衣缩食，缩减不必要的开支，才能实现每年买一套房的豪言壮语。

1999年，吴晓波突发奇想，花了50万元，获得了千岛湖一座小岛50年的租赁权。迄今为止，这座小岛的价值已逾数千万元。吴晓波从来不否认自己爱钱，他是当今中国稿酬最高的作家之一。

吴晓波的经历极具代表性，他在20年里始终重复做着一件事情，即把自己写作赚取的稿酬都投入到房地产领域，这使他在20年后真正实现了财务自由。不得不说，吴晓波今日的成功与他昔日选定的正确方向、坚持不懈的努力是分不开的。正是因为在正确的道路上前行，吴晓波才有了现在的人生。

现实生活中，有的人成功了，有的人失败了。失败者并非不如成功者有天赋，只是因为不如成功者那么坚持。曾经有人说，不管从事什么工作，如果没有五年以上的从业经验，就没有资格评价这份工作，因为他还没有到达这份工作的"临界点"。的确如此，临界点从来不会在很短的时间内就到来，而是要等到最后时刻，才会表现出令人震惊的威力。

所谓临界点，其实也可以将其称为瓶颈。一个人做一件好事并不难，难的是坚持一辈子都做好事；一个人做一件事情也不难，难的是在看似没有变化的现状里始终坚持做好这件事情。很多事情都有两面性，从这个角度来看是瓶颈，是禁锢，但只要换一个角度来看，就会发现危机其实意味着转机，甚至代表着生机。所以我们要熬到瓶颈到来，这样才能抓住临界点的机会，让自己凤凰涅槃，浴火重生。

很多时候，成功就在转角处。此时此刻，我们也许会感到悲观绝望，也许会感到万分痛苦，即便等到了第二天，我们也许依然会感到很难熬。但是没关系，只要我们继续坚持下去，咬紧牙关绝不放弃，到了第三天、第四天……不管是未来的哪一天，我们终究会熬过艰难的时刻，迎来美好的未来。切勿倒在黎明前最黑暗的时刻，否则，我们就没有机会看到黎明了。

笑到最后的人才笑得最好

前文，我们提到了临界点，也将临界点理解为瓶颈和转机的另一种形式。其实，临界点是复利效应中的一个名词，代表着事情出现转机的时刻。不管是什么事情，只要真正迈过了临界点，就会摆脱此前举步维艰的局面，从而进入飞速发展的阶段。

很多人下定决心要做好一件难度很大的事情，也的确坚持了很长时间而没有放弃，但是在临界点到来之前，他耗尽了所有的耐心，终于忍不住放弃了。这使他再也没有机会获得梦寐以求的幸福。不得不说，这样的放弃是令人遗憾的。但是，最糟糕的是，在到达临界点之前，我们压根没有意识到临界点就在眼前，所以学会坚持，永不放弃，才是至关重要的。

这个世界上之所以有的人平庸，有的人伟大，就是因为前者倒在了临界点之前，而后者迎来了临界点。我们总是过于关注成功者跨越临界点之后的风光，却忽略了成功者曾经为了寻找正确的方向而付出的努力，也忽略了成功者为了跨越临界点而进行的坚持。"不经历风雨，怎能见彩虹，没有人能随随便便成功。"每一个人的成功都是时间的馈赠，都是信心、勇气和力量的结合体。

仅以读书为例。很多人在心浮气躁地翻阅了几本书之后，就得出了"读书无用"的结论。其实，读书是最能体现出复利思考的。一个人一天读一个小时书，效果的确不会立竿见影。但是，如果一个人一年甚至一生都坚持每天读一小时书，那么渐渐地他就会散发出浓郁的文化气质，既文质彬彬，有着浓厚的书香气，也会博古通今，出口成章。所以对于读书这件事，再也不要怀着急功近利的思想试图一蹴而就了，必须潜心下来，坚持读书，坚持读好书，坚持有效地读书。

不管做什么事情，坚持都是最重要的。因为唯有坚持，我们才能到达临界点，跨越临界点。每一位成功者的字典里都有着"坚持"二字，这告诉我们不管在什么情况下，无论要做什么事情，一时的成败得失都不算什么，只有坚持到最后的人才能笑得最好。

当然，只是喊着坚持的口号，并不能真正给予我们力量。要想持之以恒地坚持下去，我们就要做到以下几点：

首先，确立正确的目标，找准正确的方法。做任何事情，如果目标和方向错了，那么只能导致事与愿违。

其次，磨炼自己的意志力，让自己即使面对艰难坎坷，也能咬紧牙关决不放弃。人生的道路不可能是一马平川的，有的时候我们会遇到拦路石，有的时候我们会遇到悬崖沟壑，最重要的是不放弃，这样才能跨越山川和大海，抵达自己心之所向的地方。

再次，坚持自我，不要随波逐流。很多人都有从众性，尤其是当身边的大多数人都做出某个选择，或者主张某个观点的时候，那个与众不同的人必然会心中打鼓，不知道自己的想法和做法是否正确。有些人不能坚持自我，还会当即改变主意，盲目地顺从他人，这是要不得的，因为真理有的时候掌握在少数人手中。

最后，立足长远，每天进步一点点。太多人心浮气躁，好逸恶劳，只梦想着不劳而获，其实这样的想法是完全不切实际的。这个世界上从来没有天上掉馅饼的好事情，更没有人能够一蹴而就获得成功。作为拥有复利思考的人更要脚踏实地，一步一个脚印地走好人生的每一步。每一天，我们的进步可以很微小，但是我们每一天都要有进步。如此坚持下去，小小的进步就会凝聚成巨大的成功。

第三章

在生活中运用复利思考

要把复利思考运用于生活中,复利思考才能改变我们的生活,改变我们的工作效果,同时改变着我们的人生。生活中,有哪些地方可以运用复利思考呢?在没有接触复利思考之前,这也许是个难题,但是在学习了复利思考之后,你会发现生活中的很多方面都可以运用复利思考。

和时间成为好朋友

在这个世界上,时间是唯一对每个人都绝对公平的东西。每个人每年都有365天,每天都有24小时,每个小时都有60分钟,每分钟都有60秒钟。虽然我们不知道自己生命的长度,但是我们却可以把握时间的宽度。如果能够让人生中的每一分每一秒都过得有价值有意义,那么就不枉此生。

古人云:"少壮不努力,老大徒伤悲。"这句话告诉我们,一个人如果在年少时不懂得发奋读书,那么等到青春时光一去不返,就会徒然悲伤。的确如此。对于每个人而言,青春时光都是最宝贵的,也是最短暂的。有些人抓住青春的小尾巴继续狂欢,有的人却非常珍惜青春年华,争分夺秒地刻苦学习。这是对待时间截然不同的两种态度。前者今朝有酒今朝醉,后者有着远大的目标,所以才会不忘初心,砥砺前行。

不管成为哪一种人,要想不虚度人生,就要成为时间的朋友。时间,既没有形状,也没有味道,所以常常会在我们不知不觉间悄然溜走。因为时间具有悄然易逝的特点,所以人生也就如同白驹过隙，再回首，少年已经成为暮年。正如朱自清在散文《匆匆》里所写的，时间滴滴答答一分一秒地往前走着，匆匆，又匆匆。

对于不珍惜时间的人而言，时间是以天、以周、以月，甚至是以年为单位计算的；对于珍惜时间的人而言，时间是以小时、以分钟，甚至是以秒钟为单位计算的。有的人浑浑噩噩地睡了一整天，除了做了几个瑰丽的梦之外，毫无收获。同样是一天的时间，有的人却过得风生水起，比其他人一辈子的时间更加跌宕起伏。王健林曾经有一张日程表火爆网络，透露了这位时年62岁的地产大亨一天的时间安排。清晨4点，王健林就起床健身。之后，他乘坐飞机飞行了6000米，先后抵达位于两个国家的三个城市里参加各种活动。更令人难以置信的是，他居然在当天晚上7点钟回到办公室，没有急于休息，而是继续加班。王健林的时间表一经公布，很多人都感到难以置信，也有人由衷地感叹：王健林已经是可望而不可即的亿万富翁了，居然仍然这么努力！的确，每个人都以不同的道路走向成功，但是在所有的道路上，时间都是唯一相同的刻度。一个人如果不能很好地与时间相处，不能最大限度发挥时间的效率，那么就会使人生的长度大打折扣，也会使自己陷入人生的穷途末路。

不要再把时间看作是线性的小流,而要把时间看成是颗粒。所谓时间的颗粒度,指的是一个人统筹安排时间的最小单位。从王健林的工作日程安排不难看出,他的时间颗粒度非常细,大概精确到每15分钟就要安排一件很重要的事情。和王健林一样,比尔·盖茨同样拥有超细的时间颗粒度,大概是5分钟。例如,做一些重要的事情,比尔·盖茨就以5分钟为时间单位。除此之外,对于那些不甚重要的事情,比尔·盖茨甚至会以秒计算时间。可见,比尔·盖茨不但把时间颗粒化了,甚至把时间"粉末化"了。

作为普通人,我们也许很难想象一个人居然会按秒安排时间。那么,不妨让我们看看如下事例。2003年,比尔·盖茨来到中国进行访问,把很多重要的会面都安排在北京香格里拉饭店。为了迎接比尔·盖茨的到来,微软中国的同事们反复测量从电梯口步行到会议室门口是多少步,具体需要花费几秒钟。后来,盖茨正是按照他们所得出的数据,依次与等待在不同房间里的重要客人见面,按照握手、签字、拍照、离开这个顺序走完每个房间的必要流程,在时间上分秒不差。

比尔·盖茨的时间颗粒度令我们叹为观止。作为普通人,我们无需把时间细化到比尔·盖茨的5分钟,或者是王健林的15分钟。但是,我们也不应该继续以天、周、月甚至年来计算时间。我们可以按照小时计算时间，以事情的轻重缓急为依据，安排做不同的事情所需要的具体时间，在实际操作的过程中则要尽量遵循原定计划，而不要轻易改变。当我们习惯于以时间为标尺衡量很多事情，我们就会提高自身的职业化程度，给人留下精明干练的良好印象。这是因为，要想实现职业化，守时是首先应该做到的。

现实生活中，很多人的时间颗粒度过于粗糙，所以他们才会有不守时的现象。有一次，某电视台一位主持人采访一位著名企业家时迟到了3分钟，这使这位企业家当即离开，拒绝接受采访。鲁迅先生也说，时间是组成生命的材料，浪费别人的时间就是谋财害命。普通人无法理解对于一位企业家而言3分钟意味着什么。曾经，有一位世界级别的富豪自称不会弯腰捡起地上掉落的钱，原因就是他可以用弯腰捡钱的时间赚取更多金钱。这就是时间的价值和意义。

为了更充分地利用时间，我们要细化时间颗粒度。在此过程中，可以借助于日历，让时间变得更为直观可视。当然，为了节省时间，提高单位时间的效率，我们还要全面提升自己的能力，对于很多事情都做到未雨绸缪、提前规划，也要做到胸有成竹、熟能生巧。

第三章 在生活中运用复利思考

避开认知误区，发展自身能力

现代职场上，很多人因为认知误区，陷入了能力陷阱之中。能力也有陷阱？看到这句话，很多人都会产生这样的疑问。按照大多数人的理解，能力是帮助我们获得成功的，而非限制和阻碍我们成功的。所以对于能力陷阱的说法，他们既不认可，也不赞同。然而，能力的确存在陷阱。例如，一个人始终做自己最擅长的事，哪怕这件事很没有技术含量，也缺乏实用价值。他一生都在这个循环之中，而没有意识到自己需要打破循环。这就是坠入能力陷阱的后果。

现代社会发展速度非常快，整个世界都日新月异，令人应接不暇。若干年前，一个人只凭着自己掌握的某一项技能，就能衣食无忧地度过一生，甚至还能养家糊口。但是，这样的情况随着时代的发展已经一去不返了。在如今的时代里，一个人要想跟上时代发展的脚步，就必须掌握各种各样的技能。从个体的角度来说，只要掌握了从事某项工作的方法和技巧，工作就会变得很简单。在此基础上假以时日，就有可能做出小小的成就，甚至在得到历练之后成为领域内的拔尖人物。然而，在努力的过程中，我们常常发现自己渐渐地偏离了预定的目标，这是因为我们受到习惯的驱使，沉浸于习惯之中，在朝着目标努力奋进的过程中疏忽了学习，也就不能随时更新知识，更无法掌握更多的新技能。

在职场上，如果一个人想用三五年的时间成为管理者，那么就必须注重提高自己的综合能力，了解公司内部各个部门的运转。否则，如果仅仅致力于做自己的分内事，忽视了发展管理能力，也没有有意识地练习自己已经掌握或者刚刚学习的管理技能，那么就不可能顺利成长为管理者。由此可见，能力陷阱的特点是单一。不管从事什么工作，也不管职业目标是什么，我们都要拒绝单一化的发展和成长模式，而是要全方位地历练和提升自己。

关于能力陷阱，还有一个非常典型的例子。一名男性自从走出校门就在高速公路上负责收费工作。人到中年时，很多高速公路都开始免费，或者采取智能收费，这使得这名男性失业了。在失去工作很久之后，他都没有找到合适的工作，主要是因为他一直都在从事收费工作，陷入了能力陷阱，不会做其他工作了。除了高速公路收费员，还有很多工作也存在这样的能力陷阱。这就要求我们在工作的过程中要主动培养自身的综合能力，才能避开能力陷阱。

在如今的职场上，工作的节奏越来越快，竞争的程度也越来越激烈。很多职场人士心思单纯，认为自己只要负责做好本职工作，就能实现自身的价值。殊不知，除了强劲的竞争对手之外，机器也加入了竞争的行列。在很多岗位上，人力已经被机器取代了。所以职场人士要想追求长远发展，不但要面面俱到提升能力，更要坚持学习掌握多项技能。

还有一个有趣的职场现象，也是值得我们关注的。在职场上，很多经验丰富的老员工反而会面临被辞退的窘境，这是为什么呢？一则每年都有很多新毕业的大学生进入职场，从知识层面来看，大学生所掌握的知识是更加先进的，而且大学生通常不会在找工作之初就要求很高的薪资水平。最重要的是，大学生刚刚离开校园，学习能力很强。和老员工相比，这些都是大学生的优势。二则一个老员工如果始终从事某个方面的工作，就会在无形中陷入能力陷阱，也会受困于岗位职责的陷阱，最终使自己变成了阶段性人才，缺乏发展的潜力和空间。又因为老员工对升职加薪要求较高，这是与新员工相比的劣势。三则，如今，很多公司里都进行了岗位整合，需要的是具有超强平衡力的综合人才，而不那么需要主攻某个方面的专业人才。基于这三个方面的原因，老员工也就不难理解自己

○ 复利思考

为何人到中年，具备了丰富的工作经验，却面临被辞退的尴尬，而且在找新工作时也屡屡碰壁了。

大时代在改变，置身于时代的洪流中，不管是公司还是个人，都要积极地寻求改变。人生从来不是可以高枕无忧的，不管我们在进入公司之初占据怎样的优势，都要始终怀有忧患意识，都要始终坚持学习。所谓活到老，学到老，应该成为现代职场人的自我要求。

在很多情况下，职场人士的确会因为忙于工作、受困于周围环境而无暇学习，或者无心学习。当意识到这一点之后，更是要刻意地抽出时间保持学习的状态。具体来说，唯有跳出舒适区，我们才能摆脱能力陷阱。正如一位伟人所说的，难走的路往往是上坡路，好走的路往往是下坡路。每个人都要强迫自己坚持学习和成长，都要在工作之余坚持学习，也多多了解本职工作范围之外的工作流程和工作内容等。尤其是要有挑战精神，能够勇敢地突破和超越自我，去做那些从来没有尝试的事情，说不定就会有惊喜的收获呢！

具体来说，要想跳出能力陷阱，就要做到以下几点：

首先，提升认知高度。很多时候，认知会限制我们的思考，限制我们的选择，所以一定要打开格局和视野，让自己有广阔的认知。

其次，要重新梳理自己的工作，找准薄弱点下手查漏补缺，而不要只做自己擅长的事情，任由自己不擅长的事情被无限搁置。

再次，发展人际关系，丰富人脉资源。现代职场上，人脉资源已经成为非常重要的资源，所谓"酒香不怕巷子深"已经不适合现代社会了。一个人哪怕真的是"千里马"，也不要等着伯乐来赏识自己，而是要抓住各种机会，通过各种人脉途径积极地推销自己，这样才能让自己有用武之地。

最后，想好了就去做，不要让各种好的想法都变成了空想和幻想。这样在做的过程中，很多原本预见到的困难也许就不复存在了，当然，也有可能会有很多新的问题产生，但只要做到"兵来将挡，水来土掩"，总能过五关斩六将，获得梦寐以求的成功。

○ 复利思考

换个角度思考问题，学习倒推

宋代文学家苏轼在《题西林壁》中写道："横看成岭侧成峰，远近高低各不同。不识庐山真面目，只缘身在此山中。"本篇阐述的重点是倒推，也就是逆向思考，以这首诗作为开头非常合适。在这首诗中，苏轼从不同的角度和距离描述了庐山的样子，在日常生活中，面对各种看似无解的难题，我们也要从不同的角度和距离进行观察。

不可否认的是，不管是在生活还是工作中，人人都会遇到一些难题，这些难题披着可以扰乱人心智的外衣，使人很容易被表面现象所蒙蔽，一时之间找不到办法来解决问题。尤其是人，人是主观动物，绝大多数人都会情不自禁地从主观角度出发思考问题，这就更加因为置身事内而无解。

对于这样的情况，只要能够跳出当下所处的环境，摒弃之前的思维角度，改为从新的思维角度出发，深入思考问题，那么说不定就会茅塞顿开，柳暗花明。在西方国家有一句谚语："我想知道我未来会在哪里死去，这样我就可以避免去那里。"这句谚语告诉我们，如果提前预知事情的结果，那么我们就可以采取行动防患于未然，避开糟糕的结果。这是极具代表性的逆向思维。

听起来，只要掌握了逆向思维，我们就能够未雨绸缪地避免很多糟糕的结果。的确如此，但是，真正做到逆向思考却是很难的。在生活和工作中，人们习惯于采取正向思维，这是因为正向思维是最简便易行且效率显著的思维方式，此外，我们也早就已经习惯了正向思维。这就使我们要想学习和掌握逆向思维，养成坚持逆向思维的好习惯，就必须摆脱正向思维的局限，还要坚持进行相关的练习。假以时日，我们才能养成逆向思维的好习惯，才能真正发挥逆向思维的强大效用。

既然正向思维与逆向思维是正好相反的，那么为了帮助理解逆向思维，我们很有必要先了解正向思维。所谓正向思维，就是以我们习惯的思考路径进行思考。每当遇到问题时，我们的大脑不需要接受额外的指令，就会因为条件反射的作用而直接采取正向思维。如果不进行有针对性的训练，没有人会形成运用逆向思维的习惯。

所谓逆向思考，也叫作求异思维。具体来说，对于已经形成定论的某种观点或者是某种事物，我们要进行反向思考，亦即以问题的相反面为切入点，进行深入探索和钻研，树立全新的思维方式。对于那些特殊问题而言，逆向思维能够简化问题，使问题更容易得以解决。在小学阶段，学生们就会学习司马光砸缸的故事。司马光砸缸的行为就是逆向思维的结果。看到小朋友掉到深深的水缸里危在旦夕，其他孩子的第一反应就是跑去求助于大人，想让大人救出落水的孩子，但是司马光却毫不迟疑地抱起石头，砸碎大缸，这样一来，就能让水流出来。不得不说，如果没有司马光的机智果断，落水的小朋友就岌岌可危了。

刘丹特别爱睡懒觉，每天都要睡到日上三竿才起床。看到身边的人早早起床神清气爽的样子，刘丹特别羡慕。周六中午，刘丹终于醒了，是被香喷喷的饺子味道吸引着醒来的。她推开门，发现室友已经煮好了饺子，忍不住咽了咽口水，说道："要不是起得这么晚，我可真想和你们合伙做饭啊！"室友对刘丹说："起得晚也可以吃饺子啊，明天你再负责做饭。"刘丹接连摆手，说道："不行，不行，不行！万一我明天起不来，今天不就白吃你们的饺子了吗！"室友笑着说："你呀，一到周末就通宵，早晨能起得来才怪呢！你如果真想早起，我教你一个办法，准保有用。"

刘丹赶紧追问，室友说："办法很简单，你现在是凌晨两点睡觉，中午十一点起床。我建议你今天晚上十点睡觉，那么你明天七点就能自然醒了。"刘丹虽然对这个办法半信半疑，但还是决定试一试。第一天十点钟关灯睡觉，刘丹还有些辗转反侧呢。她很想打开灯拿起手机，但是反复告诫自己不可以。就这样，她迷迷糊糊终于睡着了。次日，刘丹果然八点多就醒了。刘丹高兴极了，暗暗想道："这才是第一天，肯定是怪我之前欠下了睡眠债。我只要继续坚持几天，早起就不再是问题了。"如此坚持了一段时间，刘丹的作息时间彻底改了过来，每天早睡早起，精神倍棒。

读者朋友们，如果你们也在为自己不能早起的问题而感到烦恼，不如也逆向思考，从睡觉时间入手，现在就开始养成早睡的好习惯吧！很多人在解决问题的过程中以一成不变的角度看问题，认为问题只能被动地等待解决，这使我们的思维进入了一个误区，即忽略了问题本身的力量。逆向思维恰恰帮助我们改变角度，看到问题本身的力量，也借助于问题本身的力量去解决问题。

从某种意义上来说，反向思考与换位思考有着异曲同工之妙。它们本质上都是把全部的因素视为可以控制的变量。在采取逆向思维时，我们可以采取典型的策略，即预先设定失败。在商业领域中，很多人都会事前假设失败，这种方法适用于做出初步行动方案之后，也适用于真正采取行动之前。事前假设失败，可以帮助我们预见到很多糟糕的情况，从而预先做好准备，未雨绸缪，防患于未然，也就能够有效地避免失败。

在采取逆向思维的过程中，为了提升效率，提高单位时间的利用率，还可以设定限制时间。这会给人以紧迫感，使人打起十二分的精神，全力做好该做的事情。当渐渐地形成了逆向思维，我们就会时常产生茅塞顿开的感觉，原本横亘在我们面前的很多难题也就迎刃而解了。

不要盲从他人，而要坚定自我

现实生活中，很多人都会从众。有些人是有意识地从众，有些人则是无意识地从众，换言之，他们在不知不觉间就受到周围人的影响而改变了自己。例如，每当超市促销时，看到一大群人都在排队等着购买某个商品，连他们到底是在排队购买什么商品都没有看清楚呢，就也忙不迭地到队尾处排了起来。有些人排到队伍的最前面，才发现自己压根不需要购买该商品，只好悻悻然离开。这就是盲从。盲从极大地浪费了人的时间、精力和财力，有些人就为了和所有人一样占便宜，购买了自己不需要的商品，反而浪费了钱。这是行为方面的盲从。

还有一种自己都毫无觉察的从众行为，表现在思想和意识上。例如，每当需要针对一项提议进行表态时，有的人明明不赞成提议，却在看到大多数人都支持这项提议之后，就改变了自己的态度，转为支持。这样显而易见的从众，也许是因为认为真理总是掌握在多数人手中，而忽略了真理也会掌握在少数人手中。记得有一档电视节目上做过一个实验。在空无一人的十字路口，实验者率先站在路口等红绿灯，后来者也都站在实验者身边一起等红绿灯，交通井然有序。同样是这个路口，实验者在等待了一会儿红绿灯之后，看到自己身后聚集了一些人，就闯红灯过马路。这个时候，原本都很安静等待红灯变成绿灯的行人中，有相当一部分行人跟随在实验者身后闯了红灯。这就是从众效应的典型表现。

不管是在生活中，还是在工作中，很多人都有从众心理。有些人是为了获得安全感而从众，有些人则是为了满足自己的虚荣心而从众。正是因为安全感和虚荣心，我们才麻痹了自己的思想，无法理智地做出判断，而盲目地随从他人。如果一直都在从众，人渐渐地就会变得麻木，失去自己独立的想法和见解，不管做什么事情都以随大流为原则。对于那些无关紧要的事情，随大流是没有问题的。但是对于那些涉及原则的问题，如果依然随大流，就会突破自己做人做事的底线，也会使自己在各个方面承受损失。简而言之，盲目从众之之所以可怕，是因为它意味着失去独立思考的能力，自然也就不能成为独立的人。

那么，从众心理是因何产生的呢？很多心理学家都对从众行为和从众心理进行了研究。他们发现在一个大规模的群体中,当大多数人都坚持某种观点或者做出某种行为时,那些与大多数人格格不入的人就会觉得自己不合群,甚至觉得自己被孤立。没有人愿意成为人群中的孤岛,也没有人愿意承受他人异样的眼光,基于这样的心理,他们只好放弃自己的特立独行,转而顺从他人。在决定顺从他人和表示屈服的那一刻,他们背负着的沉重压力就消失了。这使他们感到满心轻松,心情愉悦,长此以往,也就形成了从众心理。

在不同的场景中,人们表现出的从众心理和从众行为是不同的。举个简单的例子。几个朋友一起去西餐厅吃牛排。当前面的几个人都要求牛排五分熟时,最后一个人原本想吃七分熟的牛排,却不得不也随着其他人说要五分熟的牛排。这也许是为了迎合其他朋友,也许是因为最后一个人压根没吃过牛排,生怕自己要把七分熟的牛排会被嘲笑,甚至会被作为另类排斥。从这个意义上来说,从众心理含有微妙的迎合和讨好的意味。而那些特立独行的人则不怕自己的行为举止与别人不一样,他们是不会盲目从众的。

以别人的经验为依据接受一些事情,从心理学的角度来说,这是依从。除此之外,还有一种从众是为了保全自己的利益。例如,在保险公司、房地产销售公司里,甚至在一些餐饮店里,每天早晨都会开早会。在开早会的时候,有的需要喊一些励志的口号，有的需要集体做操。其实，对于这些形式上的东西，很多员工都会感到不屑一顾，但是他们却不能公然反抗，这是因为他们作为公司的一员就要遵守公司的规定，就要服从上司的领导。这样的从众带有强迫的意味，当事人往往是心不甘情不愿地被迫从众的。

一个人哪怕非常聪明，具有极强的适应能力，也不可能轻而易举地解决自己遇到的所有问题。人是群居动物，人必须置身于群体之中才会感到安全。这是从众心理的起源。从众，帮助我们更快速地融入集体之中，也帮助我们更快速地适应社会。

通过分析从众心理和从众行为，我们会发现从众的鲜明特点：在群体内部，个体的自我评价越低，越容易发生从众行为；个人具有的依赖性越高，越容易发生从众行为；成员越同质化，越容易发生从众行为；群体越具有凝聚力，越能够吸引个体，也就越容易促使个体做出从众行为；情景越模糊，越容易发生从众行为。

专注，才能更加专业

每个人的时间和精力都是有限的，一个人即使能力再强，也不可能仅凭一己之力就面面俱到地做好每一件事情。这就要求我们必须集中时间和精力，专注地投入某件事情，这样才能表现出自身的专业性，让自己凭着专业的表现赢得他人的尊重和信任。反之，如果不管做什么事情，我们都是浅尝辄止，那么我们非但不能赢得他人的信任，反而还会被他人指责和挑剔。

在工作的过程中，是否专注在很大程度上决定了工作效率的高低。仅以作家写作为例，在有灵感的前提下，作家如果专注地写作，一天甚至可以创造高达万字的书稿；反之，作家如果三心二意，一会儿去做饭，一会儿去扫地，一会儿遛遛狗，一会儿逗逗猫，那么效率就会大打折扣，一天甚至连一千字都写不出来。这就是是否专注造成的天壤之别。

在职场上，是否专注也决定了工作成果。例如，那些心无旁骛投入工作的人，很快就能完成分内之事，甚至还有多余的时间和精力去帮助其他同事，或者做自己喜欢的事情。但是，同样是在公司上一天的班，有些人看似忙忙叨叨，实际上注意力不断地被转移，往往一天下来感到筋疲力竭，压根不知道自己做了些什么。毫无疑问，作为职场人士我们必须够专业，这就要求我们要保持专注。

通常情况下，只有专注的人才能最大限度地利用自己的时间和精力，也充分发挥自己的智慧，做好自己该做的事情。对于他们而言，两耳不闻窗外事是常态，他们既不喜欢闲聊，也不喜欢做与工作无关的事情。正是这样的专注使他们爆发潜能，发挥创造性和主动性，在工作上做出了不起的成就。也正是这样的专注，使他们能够如期完成该做的事情，在下班之后也会全身心地投入家庭生活，陪伴孩子和父母，也做好一些生活的琐事。

不仅在工作上需要专注，在学习上也需要专注。很多父母都特别羡慕别人家的孩子，因为别人家的孩子很优秀，看起来每天轻轻松松地学习，到了考试的时候总能考取好成绩。而自家的孩子呢？看似每天都在埋头苦学，实际上却毫无效率，一到考试就会现出原形。其实，这两种孩子的本质区别就在于专注。

大家都读过小猫钓鱼的故事，故事中小猫正是因为三心二意，所以既没有抓到蝴蝶，也没有钓到鱼，险些就饿了肚子。所以不管是在学习中，还是在工作中，我们都不能当三心二意的小猫啊！

专注的能力并非与生俱来的，而是要在后天的学习和成长中渐渐养成的。具体来说，对待学习和工作任务，切勿贪多，哪怕每次只做一件事情，也要专心致志地把这件事情做好，切勿敷衍了事，蒙混过关；对于自己感兴趣的事情，就要投入更多的时间和精力，不要因为自己的兴趣爱好不能快速变现就放弃，否则人生还有何乐趣可言呢？

不管做什么事情，要想有所成就，就必须专注。有个男孩读书的时候静不下心来，学习成绩特别糟糕，读完初中就去打工了。起初，他跟随先去的同乡干起了收废品的行当。转眼之间，几年过去，那个带着男孩一起收废品的同乡早就回到家乡踏踏实实地务农了，那么男孩呢？男孩始终在收废品，并且渐渐地收出了门道，他开始做二手家具、家电的生意。后来，他成了远近闻名的二手市场企业家，有了自己的别墅。谁说收废品捡破烂就一定没出息呢？事实证明只要能够持之以恒，在复利效应的作用下，废品也能结出丰硕的果实。

1911年秋天，阿蒙森队和斯科特队不约而同地制定了相

◯ 复利思考

同的科考目标,即抵达南极点进行考察。这两支考察队兵分两路,同时出发。他们约定要开展一场竞赛,先到达南极点的队伍胜出。

在行进的过程中,阿蒙森队始终以持续推进为原则,无论天气是好还是坏,他们每天都会前进一定的路程,大概是15英里到20英里。斯科特队则采取了完全不同的策略,他们遇到好天气就会往前行进很远的路程,而遇到糟糕的天气就会停留在原地休息。最终,阿蒙森队远远地甩下了斯科特队,率先到达了南极点,赢得了这场比赛。

为何阿蒙森队能够赢得比赛,而斯科特队却输掉了比赛呢?是因为阿蒙森队始终在稳定地向前推进,而斯科特队的前进却毫无规律可言。看起来,在天气好的情况下,斯科特队人前进了很多,但是队员们却不得不因此超负荷行进,这使他们透支了体力。反之,阿蒙森队始终坚持稳定推进,使得队员们的身体消耗也维持在稳定的水平,因而队员们的身体状况非常稳定。正是因为如此,阿蒙森队才能凭着复利效应顺利抵达南极点,在比赛中胜出。

有的时候,快就是慢;有的时候,慢就是快。其实,快和慢都是相对而言的,如果快必须以牺牲工作质量为代价,那么就是毫无意义的。我们可以追求快,却不要盲目贪多。毕竟，人的时间和精力都是有限的，人能够保持专注的时间也是有限的。和急不可耐地做很多事情相比，专注投入地做好一件事情更加重要。

投入最小成本，获得最大收益

如果我们想做一件事情，那么我们一定想付出最小的成本，而希望获得最大的收获；如果我们想解决一个问题，那么我们一定想付出最小的成本，而希望顺利地解决问题。这是人之常情。如果可以选择，人人都想尽量缩小成本，而尽量扩大成果和收益。

很多读者朋友也许曾有过这样的疑惑：为何我在最努力的时候，赚的钱却最少呢？听起来，这似乎违背了一分努力一分收获的道理，但是在很多情况下，这是因为我们所做的努力，并非真正的努力。

大学毕业后，张楠先是自主创业，随后他很快就赔光了父母给他的十万元钱和借来的十万元钱。背负着外债，张楠孤身一人来到大城市找工作。他住不起好的居所，只能在青年旅社的上铺蜗居。没多久他应聘到一家公司，负责微信公众号的写作。

张楠在大学期间就很喜欢写作,所以他很喜欢这份工作。他满怀热情,仿佛再次看到了生活的曙光,也看到了自己还完外债之后满身轻松的样子。为了拿到流量奖金,他每天清晨早早地起床,哪怕是在乘坐拥挤的公交车去往公司的路上,他也在努力,不是在看社会热点新闻,就是在构思文章。张楠给自己定了个任务,即每天完成三篇公众号文章。如此紧张忙碌的生活节奏,使张楠没有时间休息,每天都如同陀螺一样转个不停。有的时候,没有在上班时间完成规定的工作任务,他还会主动留下来加班到深夜。就这样,在进入公司的第一个月,还在试用期中,张楠就在公众号上发表了60篇文章,是全公司当之无愧的数量之王。和张楠相比,公司里的第二名只发表了10篇文章,比张楠少写了整整50篇文章呢!

张楠暗自开心,他早就研究过公司的奖金制度,知道自己会凭着60篇文章获得发文最多奖金。如果有文章被评选为"流量之王",那么他还能额外再得到一大笔奖金。这样一来,张楠的月收入就很可观了。

让张楠惊讶的是,他既没有拿到发文最多奖金,也没有文章被选为"流量之王"。对于自己的文章落选"流量之王",张楠是有心理准备的。但是,对于自己没有拿到发文最多的奖金,张楠则很难理解。他当即找到上司,问道:"马总，我发表了60篇文章，比第二名多了50篇文章，我怎么不是发文最多呢？"上司眼含笑意地看了张楠一眼，说道："张楠，发文最多必须在保证质量的前提下，而不能只有数量，没有质量。你看看，你虽然写了60篇文章，但是点击量低得可怜。你所有文章加起来的点击量，还没有第二名一篇文章的点击量高呢，你让我怎么名正言顺地给你发文最多奖励呢？你呀，千万不要手高眼低，好高骛远，而是要向第二名学习，脚踏实地。我建议你多多研究第二名的文章标题和行文风格，这样也许能够得到提升。"上司简简单单几句话，就把张楠说得哑口无言，他很清楚对公众号文章来说点击量非常重要。

后来，张楠不再冒进，而是用心地研究很多网络热点文章的标题和内容。经过潜心学习，次月，他的三篇文章都获得了大量点击，而且在网络上引起了热烈反响。张楠这才真正领悟了快与慢的关系，也知道自己未来应该怎样做好工作了。

很多时候，我们以为的努力只是假装在努力。我们或者没有做到有效努力，或者只是想以表面上的努力感动自己。然而，职场是残酷的，很多管理者都只看重结果，而不看重过程，所以我们要以最小的成本收获想要的成果，提升自身努力的效率，也让自己的努力有所收获。

不要再本末倒置，做无用功了。与其花15分钟写好一篇文章，再花3个小时去修改，不如静下心来，花2个小时去学习，花1个小时去构思，然后用15分钟一气呵成一篇行云流水的文章。很多情况下，只需要把顺序颠倒一下，我们就能做得更好。

为了避免无效努力，我们要为自己确立目标。在目标的指引下，我们才能始终坚持正确的方向，也会在努力的过程中越来越接近自己的成功之地。在这个时代里，努力已经成为所有人的口号，就连小孩子都知道必须努力才能有所收获。这就要求我们不要进行无效努力，当步履匆匆到忘记了自己的初心时，我们不妨停下来，花费一些时间去思考自己的目标是什么，也仔细斟酌要以怎样的方式才能付出低成本却有大收获。我们也要擦亮眼睛透过现象看到事物的本质，从而以小成本解决诸多问题。

洞察事物的本质

什么叫作洞察事物的本质呢？直白地说，就是透过现象看本质，就是拨开迷雾见真相。在商业领域中，各种各样的名词总是让听到的人感到头昏脑胀，那么作为真正的高手，就是要深入浅出，把那些艰难晦涩的商业理论以浅显易懂的方式表达出来，使得哪怕是作为局外人的顾客也能马上听得明白。在古代，有一位伟大的诗人，每次写好了诗作都要朗读给他不识字的妻子听。很多同仁都不理解他为何要这么做，他说："我写诗不仅是要为王公贵族看的，也是要给平民百姓看的。我的妻子就是平民百姓，如果她能听懂我的诗，那么其他老百姓应该也能听懂。"正是因为有这样的想法，这位诗人才能写出很多脍炙人口的好诗，他的诗也才会被百姓们争相传颂。这就是洞察事物的本质，把高深的人生哲理以浅显的语言表达出来，使听到的人茅塞顿开。

在真正做到了洞察事物本质之后，接下来的问题就是表达。说话，是人人都会做的事情，尤其是以自己擅长的方式进行表达时，很多人都会滔滔不绝，口若悬河。说话的目的是什么呢？说话的目的从来不是自我陶醉，而是把自己的思想、观点和感情等传达给他人，这就要求我们要把话说得他人能够听得懂，理解得了，也能够真正领悟。这就要求说话的人要有极其深厚的语言功底，也要能够换位思考，知道听话的人想要听到怎样的表述。

洞察本质的人，要学会打比方。所谓打比方，就是把一种事物比喻成另一种事物，具体来说，就是要把难懂的事物比喻成好懂的事物，这样听话者才能听懂。可见，打比方是语言的艺术，也是表达的技能。

金志国是青岛啤酒的前任董事长，他很擅长打比方。在一次分享会上，有人询问金志国如何招纳贤才，任用贤才。这个问题看似简单，其实是商学院里一门很重要的管理课程，涉及很多方面的知识。哪怕只是从人力资源的角度对这个问题进行解答，也要从很多方面进行剖析，才能有一定的深度。对于这样的问题，金志国却以打比方的方式，让提问者一下子就领悟到了招人留用的真谛。他说：做门窗用松木；做棺材用金丝楠木；做箱子用樟木。

金志国话音刚落，在场的人都热烈地鼓起掌来，如此简洁明了、一针见血又生动鲜活的回答，只有金志国才能给出吧。金志国以门窗、棺材和箱子比喻需要招募人才的空缺职位，又以松木、金丝楠木和樟木比喻适合这些职位的人才。这其中还蕴含着一个道理，即不但要为职位寻找人才，也要把人才分配到合适的岗位上去，这就是人尽其用。正是因为对管理有着如此独到和精妙的理解，金志国才能带领青岛啤酒不断地发展壮大起来。

对于小公司的成长，金志国也给出了精彩的比喻。他把创业初期的公司比喻成草本植物，具有顽强的生命力，在创始人的带领下，只需要一点点阳光就能茁壮成长；把度过创业期的公司比喻成灌木，和草本植物相比，灌木更加高大，长势旺盛，所以不能只依靠创始人了，必须依靠团队才能快速发展壮大起来；把处于快速发展阶段的公司比喻成参天大树，这个时候，公司既不能只依靠创始人，也不能只依靠团队，而是要依靠系统，才能保持良好的运转状态。经过这样的比喻，即使是不了解"企业生命周期"的人，只要了解各种不同的植物，就会对企业的发展和成长有形象的认知，而且也会大概知道处于不同发展阶段的企业应该以谁作为主力军。

正是因为洞察了商业运作的本质，金志国才能信手拈来，进行如此生动的比喻，也以打比方的方式让内行和外行都对企业的很多问题恍然大悟。

那么，为何必须是洞察本质的高手，才能和金志国一样以打比方的方式进行深入浅出的说明呢？这是因为从本质上来说，打比方的能力就是洞察本质的能力。具体来说，要想以打比方的方式进行说明，必须做好以下三个步骤：首先，洞察本质；其次，把事物的本质与听者熟悉的事物匹配起来；最后，以听者熟悉的事物解释听者陌生的事物。可见，要想打比方，必须对两种事物的本质都非常熟悉和了解。

在商业领域中，有很多成功的管理者都具备洞察本质的能力，因此他们都能打比方。例如，小米集团的联合创始人刘德。如今，小米智能家居发展迅猛，已经形成了完整的家居生态产业链，旗下有各种各样的家居用品。这些家居用品都是通过APP来控制的，也可以说，APP就是小米所有智能家居的遥控器。对于神奇的小米智能家居系列，刘德以"遥控器电商"一言蔽之。看到遥控器三个字，很多普通的消费者一下子就领悟到APP的用途了。这就是打比方的神奇作用所在。对于小米生态链中很多非智能也非高科技的产品，刘德将其称为"烤红薯生意"，同样言简意赅，让听到的人茅塞顿开。

只有洞察事物的本质，我们才能稳准狠地抓住解决问题的最主要办法。当然，洞察事物的本质并非与生俱来的特殊能力，而是要通过后天坚持学习和成长来不断提升的。一个人学习的知识越多，见识过的新鲜事物越多，进行的思考越多，就越能够洞察本质。

统筹时间，分身有术

记得在中学时期，我们就学过了时间统筹安排的方法。只不过，短短的一篇课文无法充分体现时间统筹安排的精妙与神奇之处。在工作生活中我们也会发现，那些对充分利用时间有妙招的人，仿佛总是能够分身，在同一时间内同时做几件事情。反之，那些对于充分利用时间完全没有想法的人，哪怕有充足的时间，也往往会在几件事情之间手忙脚乱。

在学生时代，对于时间的利用是否能够达到极致，对于任务相对单一的学生而言影响不大。但是在离开校园，步入职场之后，面对堆积如山的工作，能否充分利用时间就会有天壤之别。这不仅会影响到工作的效率，还会影响到每一个职场人士的职业发展前景和个人的命运。

如何才能让时间如同孙悟空身上的毫毛一样成倍增加呢？这就要求我们必须搭建独属于自己的统筹系统，这样才能在很多看似不相干的事情之间建立内在的联系，使它们从混乱无序变得井然有序。

细心的朋友们会发现，在校园里，那些学习最优秀的学生并不是每时每刻都埋头苦读的，相反他们很热衷于参加学校里的各种活动，时而在运动场上抛洒汗水，时而在舞台上一展歌喉，时而在阅览室里博古通今，时而在林荫小道上与同学侃侃而谈。那么，他们利用什么时间学习呢？他们利用时间的秘诀，就是提高效率。专注地投入学习与三心二意地对待学习，学习效果必然大相径庭。同样是坐在课堂上看着老师，专注的同学当堂就掌握了绝大部分知识，课后只需要花很少的时间进行复习和巩固就好；不专注的同学还没等到下课呢，就把老师讲授的知识忘记了大半，因而只能在课后花费大量的时间和精力亡羊补牢。既然不管是否专注，都要坐在课堂上听讲，我们为何不当前者呢？此外，这些在学习上出类拔萃的同学还善于利用遗忘曲线，有效地记住需要学习的内容和知识。

在参加工作之后，因为不能继续心无旁骛地学习，有了更多的工作任务，也需要进行必要的人际交往，一些人就开始研究统筹安排时间。例如：在去见客户的路上熟悉产品资料；在中午吃饭的间隙坚持听英语；在上下班的路上听名师授课等。这样的统筹安排，使他们可以把一份时间变成两倍甚至三倍的时间去使用。不得不说，这真是高明的时间分身术，也正是这样有效的方法才使职场精英能够面面俱到地做好很多工作。

不管是在生活中还是在工作中，做一切事情都需要时间成本。恰恰是因为时间作为必要成本是不可或缺的，我们才会在不知不觉间忽略了时间。这就像我们也常常忘记空气的重要性一样，因为我们每时每刻都在呼吸空气。

一些人获得了成功，一些人却总是被失败纠缠。这并不在于前者有得天独厚的才华，而后者却没有也不完全在于前者勤奋努力，而后者却不够努力。我们必须考虑时间因素，因为任何人做任何事情都需要时间。如果没有时间，生命也就不复存在，那么还何谈做事呢？认识到这一点，我们就要把时间列为成功的必备要素，对时间引起足够的重视，也要最大限度利用时间。

很多年轻人都不觉得时间宝贵，每天晚上已经躺在床上了，却还要拿起手机刷朋友圈，看小视频，或者看毫无意义的文章。其实，网络是虚拟的，网络上的很多事情都无法变成现实。既然如此，何必在网络上虚耗时间，次日顶着熊猫眼去上班呢！按时休息，也是珍惜时间的表现，在休息充分的情况下，我们才能精神抖擞、全力以赴地投入次日的工作之中。遗憾的是，网络的冲击使得很多人的时间都碎片化了，他们没有时间耐心地阅读一本纸质书，却总是在网络上看毫无营养的各种碎片文章；他们宁愿花费时间看手机，也不愿意给自己更多的睡眠时间；他们宁愿对着手机屏幕，也不愿意用宝贵的时间陪伴家人。长此以往，人与人之间的关系越来越疏远，感情也变得淡漠，时间更是消失得无影无踪。为了避免被手机、网络等吞噬时间，我们一定要戒掉手机瘾，不要动不动就拿起手机来看。

现实生活中，诱惑太多，吞噬时间的怪物也太多。从现在开始，为了实现高效统筹时间，让自己分身有术的目的，我们必须绕开吞噬时间的黑洞，让时间重回我们的身边！

确定边界感，认知所有权

在两岁之前，小婴儿是没有边界感的，他们没有小我的概念，误以为自己与外部世界是浑然一体的。正是因为如此，小婴儿看到自己喜欢的东西就想拿起来，就想玩，而丝毫不会在意这个东西是自己的，还是别人的。到了两岁前后，孩子渐渐地形成了自我意识，把自己与外部世界区分开来，也就形成了边界感。在此期间，孩子最喜欢说的一句话就是"我的"，他们想要把所有喜欢的东西都占为己有，不被别人抢走。正是在这个过程中，孩子对所有权有了认知。其实，不仅孩子需要发展出边界感，很多成人也需要建立边界感，对于所有权有更加明确的认知。

在人际交往的过程中，我们会因为与某些人相处感到非常轻松愉悦，在不知不觉间就想接近他们，也会因为与另一些人相处而感到神经紧绷，甚至情不自禁地想要逃避。这是因为前者有人际相处的边界感，而且他们很好地把握了与人相处的分寸，不会问一些令人尴尬的问题，也不会做一些令人难堪的事情。但是后者却没有人际相处的边界感，每时每刻都想打探他人的隐私，随口就会问出一些令人无法回答的问题，让人迫不及待想要逃之夭夭。毫无疑问，前者更受欢迎，而后者往往招人讨厌。我们不能因此就判定后者自私自利，品质恶劣，也不能因此就认为后者不是好人。其实，后者可能本心也是善良的，是没有恶意的，他们错就错在没有边界感。

那么，什么是边界感呢？没有边界感为何会招人讨厌呢？一个普遍的经验是，哪怕和一个朋友面对面聊天，我们也不会把自己所有的隐私和盘托出。通常情况下，我们会以与对方关系的远近亲疏为依据，决定应该对对方说哪些事情，而保留哪些事情作为自己的秘密。这就是心理安全距离。虽然心理安全距离看不见摸不着，但是一旦有人想要突破你的心理防线，你一定会慌忙地后退以保护自己。这就是边界感。可见，是心理安全距离决定了边界感。

从另一个角度来说，对所有权的认知，就是边界感的本质。面对一个洋娃娃，孩子们一定能说出这个洋娃娃是谁的。面对一件事情、一则新闻或者一个消息，我们也应该知道它们是属于谁的。例如，一件事情涉及朋友的隐私，那么即使面对知情者，我们也不应该擅自打听。要知道，如果朋友觉得应该把这件事情告诉我们，他们就会告诉我们。在朋友没有把这件事情告诉我们之前，我们一定要收起好奇心。很多流言蜚语的传播者，恰恰是因为对于所有权没有准确清晰的认知，才会误以为通过不同渠道得来的消息不需要尊重所有权。

在社会中，如果每个人都能在自己的范围内行使自己的权利，履行自己的义务，做好自己该做的事情，那么就不会越过边界，给人带来威胁感和紧张感。如果真的需要跨越边界做一些事情，那么为了避免引起对方的误解，或者招致对方不开心，一定要预先征求对方的意见，得到对方的同意。

众所周知，国家与国家之间是有边界的，还会有界碑标志边界的存在。人与人之间也是有边界的，虽然这个边界没有界碑，但是边界起到同样作用。只要越界，就要征求对方同意，这一点毋庸置疑。反之，不征求对方同意就越界，即使没有被误认为是偷窃、强盗，也会被认为是没有礼貌。

在识别了边界，也能够以征求同意的方式表现出对边界的尊重之后，我们与人相处时就能保证言语和行为都符合规矩，不会引起他人的排斥和抗拒。在很多家庭里，父母始终特别溺爱孩子，对于孩子有求必应，也无限度地满足孩子的一切合理和不合理的要求，长此以往，孩子就会缺乏边界感。有朝一日，孩子长大了，必须走出家庭，步入社会，他们也会认为所有人都必须和父母一样无条件服从他们。这样的孩子进入社会之后必然处处碰壁，而且会招人讨厌。为了避免养育出没有边界感的"巨婴"，明智的父母会尽早地对孩子放手，也会在教育孩子的过程中帮助孩子形成所有权意识，明确边界感。

人与人的关系有远近亲疏的区别。即使关系再好，人与人也不能越界。尤其是在职场上，每个人的职位、工作职能都是不同的，切勿越权处理一些事情，否则就会给上司留下糟糕的印象。即使是与下属之间，也要本着尊重和平等对待的原则，而不要打破边界感。这就充分验证了职场定律——各司其职的重要性。

在生活中，哪怕与朋友关系再好，也不要问不该问的问题。所谓不该问的问题，就是涉及到隐私的问题，例如对方月薪、家庭关系等。有些人为了表示自己的真诚，还会先说出自己的月薪，然后询问对方的月薪，却不知道这是更加不礼貌的行为。对于自己的隐私，在别人没有问起的情况下，也是不应该主动交代的。只有守好边界感的沟通，才是令人愉快和轻松的沟通。

如今，电子通讯设备的普及，使人与人的沟通更加方便快捷。有的时候，我们会突然想起来发微信问朋友一个问题，如果朋友没有及时回复，那么在不着急的情况下，切勿打电话过去问。这是因为朋友很有可能正在忙一些其他事情，还没有来得及回复你，而你一旦打电话过去，就必然扰乱对方正在做的事情。

通常，对于有形物品的所有权，大家都能区分清楚。但是对于无形的时间、空间、隐私等的所有权，很多人并没有清楚的认知。那么，我们就要以认知所有权为前提，准确界定边界感。

第四章

财富复利：钱不是万能的，
没有钱是万万不能的

在现代社会中，钱是每个人必不可少的生活资源。虽然钱不是万能的，但是没有钱却是万万不能的。每个人都需要赚钱，更需要花钱。如果懂得财富复利，学会以钱生钱，那么财富增值就不再是梦想。

第四章　财富复利：钱不是万能的，没有钱是万万不能的

贴现思维的独特魅力

对于每个人而言，长相、身材等都是先天的，是无法改变的。所以不管长得美还是长得丑，我们除了接受之外，仿佛并不能做什么。相比起这些先天因素，后天的很多东西则是我们可以改变的。例如：一个人可以长得丑，却不能邋里邋遢；一个人可以貌不惊人，却不能孤陋寡闻；一个人可以长得矮，却要有气场。基于这一点，有人建议"人丑就要多读书"。这句话听上去带着调侃的意味，实际上却蕴含着深刻的人生哲理。与其为那些不能改变的先天因素而苦恼，浪费时间和精力，不如拼尽全力坚持学习和成长，让自己学习更多的知识，掌握更多的技能，也形成良好的心态。在个人价值的构成中，知识是至关重要的组成部分。当一个人博览群书，富有书香，也有深厚的文化底蕴时，人们就会忽视他在身材和长相方面的不足。最重要的是，从财富增值的角度来看，贴现率极低是知识的一个重要特性，甚至可以说知识的贴现率是负数。这意味着什么呢？这意味着一个人读的书越多，越是能够实现自

身的价值和意义。

人生看似漫长，其实只有三天，即昨天、今天和明天。大多数人都已经形成了共识，即不管现在做什么事情，都将会成为明天的基础和起点。然而，要想把今天的事情做好，首先需要考虑降低贴现率的问题。所谓贴现思维，直白地说，指的是每个人在投入做某件事情时，不但要考虑现在，更要考虑未来，而且要以未来折现的方式考量现在的投入是否值得。把一件事物现在所具有的价值和未来所具有的价值进行折算就是贴现，折算的比率就是贴现率。

贴现率原本是金融领域的名词，很多金融人士不管考虑什么问题，都会把现在的价值和未来的价值一起纳入考虑的范围。换言之，金融人士非常注重成长性，这恰恰与人生的特性不谋而合。从金融的角度来看，人生何尝不是一种投资呢？每一个明智的人在投资人生时，都会以长远的目光看待问题，既把握现在，也看重未来。随着时代的发展和进步，如今，人们不再只是把贴现思维运用于金融领域，而是在面对很多生活问题时也采取贴现思维。举个简单的例子：在职场上，很多求职者在决定是否接受一份工作时，会预先设想这份工作的职业发展前景，从而以此为重要的依据判断这份工作是否值得去做，是否值得长期投入。在面对人生的重大问题——婚姻问题时，大多数人尽管追求两情相悦，却也会从现实的角度出发考虑自己能够通过婚姻获得什么，自己是否应该长期投入这段关系之中。唯有能够促使彼此成长和进步的婚姻，才能持久地存续。反之，如果一场婚姻剥夺了某个人的权利，那么这个人就会对婚姻产生怀疑，也会逐渐地疏远婚姻中的另一半。最终的结果不是婚姻名存实亡，就是彼此分道扬镳。

贴现思维要求我们必须立足长远去考虑问题，而不要为了暂时追求更高的市场价格，就变得鼠目寸光。尤其是在选择工作和婚姻等将会对人生产生深远影响的事情时，更是要站得高看得远，也要预见很多未来有可能发生的问题。

从这个意义来说，采取贴现思维考虑问题，必须坚持长期主义。举例而言：在阅读的过程中，我们不能要求自己在读一本书之后就有很大的收获；在写作的道路上，我们也不能因为写了一篇文章没有得到机会发表就放弃写作。每个人要想持续提升自身的价值，首先，要做到跟进时代的脚步，坚持努力学习，从而提升认知高度，开阔视野和眼界；其次，要做到降低损耗，也就是降低折损率。唯有这样双管齐下，我们才能通过降低贴现率的方式实现自身的长期增值。

在成长的过程中，不管是学习知识，还是为人处世，或是提升学历，我们都要坚持长期积累。遗憾的是，很多人都心浮气躁，更加注重短期效益，而忽略了要根据自身的实际情况决定是采取长期投入还是短期投入的策略。这里强调长期投入，并不意味着贬低短期投入。其实，不管是短期投入还是长期投入，本身是没有好坏之分的，毕竟一个人如果不能解决短期内的温饱问题，就谈不上长期发展。然而，必须以长期发展为前提，我们才能树立更加远大的目标。所以在个人生存问题得到解决后，我们就要把目光放得更加长远，为自己树立远大的目标，继而朝着正确的方向一往无前。

从个人角度来说，用贴现率计算人生是很难的。要想解决问题，首先要把人生的资本进行分类：一种是自然资本，即通过遗传继承的个人条件，是无法改变的；另一种是后天资本，即学习到的知识、技能和经验等，以及个人的情商和财力等。前者随着生命的流逝会自然折旧，但是后者在努力的前提下，其实是可以不断得到积累和提升的。所以对于自身的自然资本不甚满意的人，完全可以通过后天努力来丰富和充盈自己的后天资本，从而让自己更加均衡地发展。

每个人都有发展潜力，也就是个人成长和上升的空间。最重要的在于，我们要致力于挖掘自身的潜力，也要凭着不服输的精神证明自己的价值所在。从本质上来说，每个人的成长就是投资自身的过程,所谓种瓜得瓜,种豆得豆,在个人成长方面也是非常适用的。所以从现在开始,我们就要投资自身有价值的领域,让其大放异彩。

让时间酝酿财富

以前，在贫困山区，很多人家没有钱供给孩子读书，因而孩子小小年纪就会辍学放羊。有一天，一个记者来到贫困山区采访，走在贫困山区的羊肠小道上，还没有进村，就远远地看到一个放牛娃骑在牛背上。记者快走几步来到放牛娃身边，问道："小朋友，你这是在干什么呢？"放牛娃面色木然，看到陌生人也没有感到惊奇，而是淡漠地说："放牛。"记者继续追问："那么，你为什么要放牛呢？"放牛娃抬起眼睛看了记者一眼，有些不耐烦地回答："挣钱。"记者继续追问："那么，你挣钱做什么呢？"放牛娃回答："娶媳妇。"记者心中默默惊叹：这么小的孩子就知道娶媳妇了。他又问道："娶媳妇又要做什么呢？"放牛娃有些兴奋地说："生娃。"记者无奈地问："生娃干什么呢？"放牛娃极其不耐烦地说："你这个人怎么什么都不懂？生娃放牛啊。"

看到这个故事，很多读者朋友一定会哑然失笑，也许在放牛娃的回答中可以看到贫困山区世世代代的轮回怪圈。然而，放牛娃之所以这么想，正是因为受到各种条件的限制和制约，所以没有跳出祖祖辈辈的思维怪圈。这直接导致放牛娃辛苦放牛的目的就是再生出一个小娃娃放牛。他们的人生只能原地踏步停滞不前，无休无止，也没有任何改变。

对于任何人而言，从二十五岁到三十五岁之间的十年，都是人生中至关重要的时期。二十五岁，我们已经大学毕业走出了校园，也有了一年半载的工作经验。到二十五岁之间，正是在职场上拼搏和奋斗的黄金时期。很多年轻人却偏偏认为应该用这十年尽情地挥洒青春，他们成了不折不扣的"负翁"，一发工资就去逛商场吃大餐，每天不是和同事攀比吃喝，就是和同事攀比穿戴和用品，总而言之他们的生活只有一个目的，即屈从于内心的欲望，时刻炫耀自己的高消费，甚至因此欠下债务。对于未来的人生，他们从未进行任何规划，更没有为未来的财富投资而积攒人生中的第一桶金。

这样潇洒恣意的生活，使他们在面对人生中不期而至的好机会时，压根拿不出任何资金进行投入，就只能眼睁睁地看着机会从自己的眼前溜走。有些年轻人工作了十几年，甚至连存款都没有，不得不说这是莫大的失败。

青春时光不是用来挥霍的，而是应该用来努力奋斗的。每个人在三十五岁之前，都应该致力于发展自身的各种能

复利思考

力,努力在一个行业领域中赢得自己的一席之地。脚踏实地地从事一份工作,然后点点滴滴地积累,直到最终深入一个行业领域,做出属于自己的成就。这样一来,一则可以利用更多的时间进行思考和学习,努力提升自己的能力水平和收入水平,二则能够获得稳定的收入,拥有稳定的生活。如果不坚持这么做,在进入三十五岁之后,随着年纪不断增大,青春不再,我们在职场中与新生力量竞争,就会呈现出劣势,也渐渐地显露出衰败的迹象。

具体来说,我们要做到以下几点,才算充实地度过青春岁月,也不给自己留下遗憾。

首先,虽然找工作的目的不是发展兴趣爱好,但是如果能够把兴趣与工作融合起来,那就是非常幸运的。毕竟兴趣是最好的老师,在此过程中,还要考虑自己的专业领域,也要注意发展自己的综合能力。

其次,在三十五岁之前,我们就要一边积累人生中的经验和财富,一边思考未来的人生出路。大多数人都面临着两个选择,即继续打工和创业。如果选择继续打工,那么就要发展自己的核心竞争力,使自己变得无可取代。此外,还要选择适合自己的平台,通常情况下,大公司有更为广阔的职业前景,而小公司则能够锻炼自己的综合能力。如果要选择创业，那么就要考虑是从事自己喜欢的领域，还是从事自己陌生的新领域。不管选择哪个领域，都要未雨绸缪，早做打算。

再次，及时弥补自己的短板，不要让短板成为自己的致命弱点。很多人在年轻的时候满足于以自己的特长混口饭吃，进入了能力陷阱，不曾有意识地发展自己的核心竞争力。等到过了而立之年突然面对失业，就会手足无措，不能从容地应对。从这个意义上来说，为了提升自己对抗风险的能力，我们必须尽早弥补自身的劣势和短板，提高自身应对危机的壁垒。

最后，培养自己的财商，在努力赚钱的同时，学会投资和理财，这样才能做到以钱生钱。从财富的角度来说，人生就是一场游戏，只不过游戏的资本是现金流。因而，不管是谁，要想成为财富的主人，收入必须大于支出。这也告诉我们，生活中最急需解决的问题，不是赚多少钱的问题，而是支出多少钱的问题，因而开源节流是必不可少的。

○ 复利思考

最大限度实现时间的价值

人们常说,天上从来不会掉馅饼。的确如此,守株也许能够待兔,但不是每次都能等来兔子。在这个世界上,没有任何午餐是免费的。很多情况下,我们因为一些意外的收获而欣喜若狂,却没有想到这些意外的收获也是付出了一定的成本才能获得的。说起成本,很多人第一时间就会想到金钱的付出,也会想到体力、精力、时间的付出,却唯独忽略了机会成本的付出。以上大学为例,仅从表面看来,上大学需要付出很多成本,例如学费、住宿费、餐费、日常开销等。但是,这些付出都是显而易见的成本投资。在这些成本背后,还隐藏着时间成本,也就是看不见摸不到的机会成本。

众所周知,普通本科学历需要在高中毕业后就读四年才能获得。高中生毕业,我们18岁,已经成年了。如果不用这四年的时间读大学,而是改为做其他事情,那么我们很有可能得到更了不起的收益。例如,比尔·盖茨在18岁考上哈佛大学之后,没有读完整个课程,就选择辍学开办了微软。在当时,一定有很多人为他感到惋惜，毕竟哈佛大学是人人向往的名校。但是，比尔·盖茨后来创办的微软帝国是更令人震惊的奇迹。当然，这不是鼓励每个大学生都辍学，学习比尔·盖茨去创业。而只是说，如果比尔·盖茨当年没有辍学创业，那么就失去了创办微软的大好时机。

和比尔·盖茨一样，哈佛大学心理学与运算科学的学生扎克伯格也从哈佛退学了。他创办了脸书。众所周知，千载难逢的好机会总是转瞬即逝的，如果比尔·盖茨和扎克伯格全都坚持读完哈佛大学，那么就会错过最好的时机创办微软公司和脸书社交网站。2007年，哈佛大学授予比尔·盖茨荣誉法律学士学位；2017年，哈佛大学也授予扎克伯格哈佛大学荣誉法学博士学位。由此，比尔·盖茨和扎克伯格都以自己的方式完成了"学业"，弥补了人生中的缺憾。

从比尔·盖茨和扎克伯格的经历不难看出，所谓机会成本，就是一个人在做出选择的同时必须放弃的其他所有选择可能给他带来的财富收益。从本质上而言，机会成本是一种隐形的成本，它与我们在日常生活中提及的各种实际成本是完全不同的。

所谓实际成本包括时间、体力、脑力、材料等。在一定的时空范围内，资源是有限的，所以我们必须经过仔细权衡做

○ 复利思考

出最佳决定。

因为鱼与熊掌不可兼得，所以我们也可以把机会成本理解为替代成本。一个人不可能同时拥有一切。对于他们而言，拥有的选择机会越多，越意味着要放弃更多的选择机会。在只能做单选题的情况下，选择同时意味着放弃，偏偏很多选项是各有利弊的，这让选择变得更难。例如，对于一个应届大学毕业生而言，到底是选择留在一线城市打拼，面对激烈的竞争，还是去二线城市过安稳舒适的生活，两者各有利弊。前者有可能获得巨大的成功，但是也有可能面对巨大的失败；后者虽然代表着波澜不惊的生活，但是也意味着安稳和富足。具体做出怎样的选择，则是由年轻人根据自己的实际情况来决定的。

一个人必须学会用机会成本进行思考，才能避免因为前期漫无目的地浪费时间和精力试错而陷入焦虑之中。一个人如果学会了以机会成本进行思考，那么他会在早期投入大量时间、精力和财力，从而建立属于自己的现金流渠道，这样他就会获得额外收入，使自己倍感心安。因为有了额外收入的保证，他们随时随地可以辞掉自己不喜欢的工作，让自己恢复完全的自由。又因为在前期大量投入之后，边际成本渐渐降低，所以他们的生活可以完全不受辞职的影响。这是很多人理想的生活状态,遗憾的是,大多数人都不知道如何实现这一点。

我们可以客观量化很多机会成本,例如经济活动中投资的机会成本,就可以用货币进行衡量。此外,对于生活中的很多机会成本,还可以进行主观比较。在确保一个机会成本可以衡量的前提下,我们要找到一切可供选择的机会,这样才能进行精确的比较和衡量。需要注意的是,在此过程中不要被自己的认知范围和高度所局限,否则就会错过最佳选择,也会与这些最佳选择的收益失之交臂。

很多人都看过印度励志电影《摔跤吧,爸爸》。不得不说,影片中的爸爸是非常有远见的,他看得很远,没有顾忌周围人的眼光和非议,而是顶着巨大的压力把两个女儿培养成顶级摔跤手。不得不说,这是一场冒险,因为以印度的国情为背景,这个爸爸的选择机会成本高得超乎想象。幸好,他最后获得了成功。机会成本能够帮助我们衡量收益与损失,这使我们在决策的过程中能够避免不必要的损失。

如果不确定机会成本,那么我们可以换一个角度思考问题,即如果我们决定不去做什么,就会失去怎样的机会,又会得到怎样的回报。在很多可遇不可求的机会面前,稍有延迟就会痛失机会,这将使我们付出无法估量的成本。这是逆向思维的方式，能够帮助我们更好地认清现实。

当然，机会并非每时每刻都有，所以我们当下要做的就是全力投入地做好每一件有价值的事情，这样才能得到更多的好机会，也能有充分的准备做出明智的选择。

第四章 财富复利：钱不是万能的，没有钱是万万不能的

及时止损，也是一种收益

在现实生活中，我们通常会从两个方面进行考虑，从而决定自己是否继续做某件事情。一方面是，某件事情对我们是否有好处；另一方面是，我们是否已经在某件事情上有了投入。如果我们已经在某件事情上有了投入，那么在重新考虑是否继续做某件事情时，这些投入就会干扰我们的思考，影响我们的选择。毕竟对于自己的付出，谁也不想让其付诸东流。

一个男孩与一个女孩相处了一年多。在这一年多时间里，从最初的不了解到彼此熟悉和了解，男孩觉得女孩并不是他理想的结婚对象。当朋友劝说男孩与女孩分手时，男孩却当即否定了这个建议。朋友感到很费解，男孩却振振有词地解释道："在一年多里，我为她付出了很多，在此之前我还从来没对任何人这么好过呢。"这就是男孩不愿意与女孩分手的理由，他认为既然已经付出了，就该为了不辜负付出而坚持到底，却没有想过继续错付是更大的损失。有的时候，及时止

093

复利思考

损,也是一种收益。遗憾的是,很多人都不明白这个道理。对于相爱的人两个人而言,如果不是同一个世界的人,迟早会分道扬镳,既然如此,为何还要勉强在一起呢?

毫无疑问的是,对于已经付出的一切,哪怕并没有得到想要的回报,也是无法收回的。这就意味着这些付出变成了沉没成本,恰如一块石头,一旦被丢入池塘里,在溅起一片水花之后,马上就会沉入池塘底部的淤泥中,再也寻找不见。为了说明及时放弃沉没成本的重要性,我们不妨再来看一个例子:一天傍晚,你心血来潮地买了一张电影票,决定好好看一场电影。因为没有提前做功课,你在开场半个小时后,发现这部电影糟糕透顶,你压根没有耐心继续看下去。在这种情况下,你是选择终止看电影,去做一些其他事情,还是为了不浪费买电影票的钱,而继续看电影呢?面对这个选择题,大多数人都会继续看电影,甚至还会坐在电影院里玩手机游戏,仿佛只要坚持到最后,就算没有辜负买电影票的钱。然而,换一个角度来看,面对这样令人兴致索然的电影,继续留下来,不但浪费了买电影票的钱,还浪费了自己宝贵的时间。

在日常生活中,我们的很多支出都是沉没成本。例如,我们花20万元购买了一辆汽车,一旦完成付款,这20万元就变成了沉没成本。这意味着你再也无法支配这20万元了。但是,你开了一段时间汽车之后，认为还不如搭乘公共交通工具方便呢，所以你决定把这辆汽车卖掉。毫无疑问，你出售这辆汽车的价格必然比购买价格低，那么在你成功出售这辆汽车之后，买入价格和出售价格之间的差价就是沉没成本。当然，一个人买了汽车三个月就出售，与买了汽车三年之后再出售，二手的价格是不同的。如果买了汽车不卖，那么20万元就是固定的沉没成本。如果买了汽车之后在不同的时间出售，那么出售的价格不同，出售价格与买入价格的差价也就不同，这意味着沉没成本也可能是变动成本。

再以上文看电影为例。如果坚持看完整场电影，那么买电影票的钱和电影的时长就是沉没成本。如果看了半个小时就离场，那么买电影票的钱和看电影的半个小时就是沉没成本。可见，选择不同，沉没成本也是不同的。从这个意义上进行理解，我们就会想明白一个道理——及时止损，也是一种收益。换言之，及时离开电影院，就收获了节省的时间。

在经济活动中，很多投资者都能够敏感地觉察到沉没成本的存在，为了不使自己之前的投资打水漂，他们会选择坚持投资。正所谓一叶障目，他们因此而忽略了考察投资是否有利于自身的发展。举个简单的例子：一个人花费100万元购买了一个商铺，后来却发现这个商铺因为位置偏僻很难顺利地租出去，每个月反而要支付很多相关的费用和银行贷款的高额利息。思来想去，他有了壮士断腕的决心，决定以95万元的价格出售这个商铺。身边人都劝他继续持有，认为他已经投入了这么多，这样折价卖出损失太大。但是，这个人却想得很通透。他对劝阻他的人说："现在卖出，我只是少卖了5万，也支付了几万的费用而已。如果继续持有，我就要继续支付各种费用，那么我的沉没成本就更高了。"从沉没成本的角度来考虑，他的选择的确是明智的。尤其是他还可以用95万投资其他更好的项目，那么就会很快把沉没成本造成的损失弥补回来。

从本质上来说，沉没成本是不分好坏的。每一个人都要克服对沉没成本的偏见，才能理性地做出判断，也理性地做出选择。

那么，为何有些人总是倾向于继续投入沉没成本呢？这是因为大多数人都厌恶损失，也都珍惜被拥有物。换言之，当一个人拥有了某个物品，他就会在潜意识里夸大这个物品的价值，而排斥关于这个物品贬值的信息。正因如此，很多人才会陷入继续投入沉没成本的怪圈中无法自拔。

为了帮助自己及时止损，我们应该设定一个损失标准，也就是损失阈值。一旦损失超过这个标准，那么我们就要及时放弃以止损。例如,在股票市场上,很多老股民都会和自己约定,一旦损失超过自己承受的比例,就会清仓。这是一个非常好的习惯,能够帮助老股民承受更大的损失。从某种意义上来说,停止就是前进。

在现实生活中,人人都会遇到沉没成本。必须清楚地认识沉没成本是怎样误导我们的主观思维的,我们才能摆脱沉没成本,及时调整自己的投资策略和方案。

运用经济思维思考问题

前文，我们几次三番提到边际成本，接下来就来认真学习一下边际成本。炎炎夏日，很多赶路的行人热得满头大汗，这个时候来一杯透心凉的冷饮是最舒爽的。为此，在很多城市的大街小巷里，都有各种各样的果茶店、奶茶店等。每当买果茶或者奶茶时，店员总是会给我们推销，希望我们再花小钱升级为大杯或者特大杯。这是为什么呢？举例而言：小杯果茶500毫升就要16元，中杯果茶700毫升只要18元，而大杯果茶1000毫升只要20元。相比之下，大杯果茶相当于小杯果茶的两倍，价格却只比小杯果茶贵4元，这是为什么呢？作为消费者，也许想不明白商家的经营之道。但是如果学习了边际效应，运用经济思维思考问题，就会发现原来商家还是卖大杯果茶更赚钱。

每个单位生产的新产品，或者购买的产品的总成本的增量，就是边际成本。这说明单一产品的成本与总产品的成本是密切相关的。换言之，即"对于某个产品而言，产量越大，生产单一产品的成本越低"。例如，一家工厂生产第一辆汽车需要投入高额的成本，这是因为首次需要购买很多新的设备，也要招聘很多技术熟练的工人，还要准备场地、耗材等。以此为前提，在成功生产出第一辆汽车之后，生产的汽车越多，成本越低。这是因为把很多固定投入的成本都均摊到每一辆汽车上了。尤其是随着生产设备不断完善，在自动化技术的辅助下，只需要很少的工人，就能完成汽车生产。

这表明，一个产品从0到1的开发过程需要投入大量的成本，耗费巨大的精力，尤其是在此期间还需要不断地进行试验，为一次又一次的错误买单。但是，在真正研发出新产品之后，一旦投入批量生产，随着市场规模的不断扩大，生产量得以提升，成本就会越来越低。记得前几年上映的电影《我不是药神》赚取了很多人的眼泪，看着身患绝症的人吃不起最有效果的药物，人们都满怀同情，满眼泪水，也都痛恨万恶的资本家把药品卖得那么贵。很多人以印度的仿制药为依据，得出生产药品并不需要那么高的成本的结论，却忽略了很多医药厂在研发药物的过程中，必须进行长期的研究和试验，在此期间投入的成本是巨大的。这也就直接决定了药物的价格并不是由原材料决定的，研发的成本起到了很大的决定作用。如果医药企业不能在新药上市阶段以高价收回研发成本，那么未来在新药上市一段时间之后仿制药物涌现出来，就很难获得收益了。这就是事物的两面性。等到医药企业通过前期上市的高价收回了巨大的投资后，再以边际效应降低药品的定价，普通的老百姓就能得到实实在在的好处了。

以连锁咖啡厅的经营为例。如今，城市的街头随处可见咖啡厅，不管是从数量上来说，还是从规模上来说，开办咖啡厅都需要消耗巨大的成本。这样的高额成本并非主要取决于制造咖啡的原料价格，而是取决于房租成本、人力成本、运营成本等。为此，销售员引导客户花费相对更少的钱购买更大杯的咖啡，才能为咖啡厅赢得更大的利润。

一切事物都有边际成本，和商业经营有边际成本一样，人生也是有边际成本的。对于职场人士而言，边际成本是掌控"人生的抛物线"。学过物理的人都知道，当把一块石头用力地抛向天空时，石头会在天空中形成半圆形的运动轨迹，然后在弧线的另一端坠落在地上。这就是物理学意义上的抛物线。因为地球引力的作用，当一个物体被抛到空中时就会以这样的弧度落到地面上。人生的轨迹和物体运动的半圆形轨迹是很相像的。

新生命呱呱坠地，开始了人生的抛物线。只不过，人生的抛物线比大多数物体的抛物线更加复杂和精彩。有些人的人生抛物线就像是石头的抛物线，就是升起到达顶点后降落的过程。而有些人的抛物线则像是皮球的抛物线，众所周知，皮球是有弹性的，在第一次被抛起，降落到地上之后，又会弹跳起来，再次到达顶点。这就是成功者的人生。从抛物线的轨迹我们就可以看出，没有谁的人生能够一帆风顺，一抛到顶。大多数成功者的人生也是充满坎坷和挫折的，正是因为有不抛弃不放弃的决心和毅力，他们才能在到达人生的低谷之后反弹到更高的高度，获得更了不起的成就。

到底是当一块毫无弹性的石头，还是当一只富有弹性的皮球，是每个人不同的选择。人生的抛物线到底遵循怎样的轨迹，是由诸多因素决定的。例如一个人的心理认知程度、接受教育的程度、性格爱好和习惯，以及人生的经历等。在三十五岁之前，我们正值努力奋斗的最佳时期，生命力非常旺盛，可以致力于学习、成长和发展。这使得人生的抛物线呈现上升的趋势。在三十五岁之后，抛物线是否能够继续上升，则取决于我们在三十五岁之前的奋斗。有些人在三十五岁之后职业发展遭遇瓶颈，开始走下坡路，此后始终处于下行的状态。而有些人在三十五岁之前已经做好了充分的准备，在职场上如鱼得水，所以哪怕过了生命力最旺盛的时期，也能继续保持良好的发展状态，使得抛物线继续呈现上行的趋势。

● 复利思考

　　当然，这并不意味着三十五岁之后的抛物线一旦下行就没有扭转的可能。很多职场人士在度过瓶颈期之后会调整好心态，端正态度，继续努力学习。正因如此，他们依然能够提升认知水平，使得职业发展呈现出柳暗花明又一村的局面。例如：大名鼎鼎的褚时健，在从红塔山集团锒铛入狱后的岁月中并没有自暴自弃，反而在古稀之年出狱之后开拓荒山，开始种植橙子。著名的褚橙品牌由此而来。再如，很多年轻人都爱吃的肯德基，也是由年迈的山德士老人创办的。其实，年龄并不是决定人生抛物线是上行还是下行的关键因素，最重要的在于，每个人无论是处在上行还是下行都要始终充满勇气面对人生，也要勇敢地突破和超越人生的现状。

第五章

知识复利：让知识形成习题，用学习构建模型

知识复利，是人人都需要的至关重要的学习理念和学习方式。当知识在时间的酝酿中爆发出强大的力量，不仅足以改变我们的人生，也能够改变全人类的命运。古今中外，那些伟大的科学家之所以能够以科技的力量坚持创新，为全人类造福，推动着世界文明不断地向前发展，正是得益于知识复利。

论方法论的重要性

　　人的大脑就像是一棵参天大树，枝杈上都挂满了不同的知识。要想让脑海中的知识条分缕析，头头是道，就必须学会科学地处理不同的知识。从这个意义上来说，我们要学会正确的学习方法，才能提升学习的效率，保证学习的效果。然而，学习方法也是琳琅满目的，我们如何做才能找到最适合自己的学习方法，让学习事半功倍呢？

　　面对繁杂无序的知识，很多人都会觉得如同面对一个到处堆满杂物，以致无从下脚的房间。其实，房间即使很凌乱，只要我们用心去收拾，就能收到良好的效果。最重要的在于，先收拾出大件，然后再把零碎物品秩序井然地摆放在大件之间。放在学习中，就是先建立主题框架，然后以各种知识填充主体框架。这就像是把知识梳理成一棵大树，可以把众多知识分门别类地挂在相应的枝杈上，看起来赏心悦目，用起来得心应手。

　　这种学习的方法叫作知识树。对于学习而言，方法是很重要的：方法得当，事半功倍；方法不当，事倍功半。知识树作为一种学习方法的包容性是很强的，能够帮助我们在很短的时间内高效地厘清知识体系，也高效地掌握知识体系内部千丝万缕的联系。反之，如果没有掌握方法构建知识树，那么大脑中储存的各种知识就会如同一盘散沙，彼此之间毫无关联，而且会变成各自独立的颗粒，无法形成有规模有秩序的知识体系。因为没有整体框架作为依托，随着时间的流逝，我们还会彻底遗忘很多原本储存在记忆库里的知识，导致知识缺失现象非常严重。

所谓知识树，从某种意义上来说，就是一个人的知识结构。通过学习，人们掌握了很多知识点，这些知识点按照体系组合起来，就成了知识结构。一个人如果知识结构很差，就会出现记忆混乱、掌握知识不够牢固、碎片化知识比较多、无法有效调用相关知识的情况。正常情况下，一个人掌握的知识点越多，就越是能够系统地进行结构分类。每当遇到需要调用知识的情况时，大脑就能够搜索到很多的知识点，从而产生有效链接。这样一来，就大大提高了知识的利用率。

除了知识点外，我们接触到的信息还有资讯。所谓资讯，就是在成长过程中，那些看起来是干货和方法论，实际上却

第五章　知识复利：让知识形成习题，用学习构建模型

无关紧要的东西。这些东西所起到的效果是极其短暂的。例如，如今在网络上随时可见的各种鸡汤文，就是无用的资讯。比起资讯来，知识体系是更加重要的。我们要尽量学习和掌握更多的知识点，再把这些知识点按照体系串联起来，使其在我们的个人发展中起到至关重要的作用。

从本质上来说，"知识树"是层级式知识图。为了实现目标，我们需要调动很多彼此关联的知识，知识树恰恰能够表现出这些知识点之间的关系。知识树并不是一成不变的，随着时间的流逝，我们学习的知识越来越多，在此过程中也会遗忘一些知识，加深对一些知识的理解，再加上社会的发展和外部环境的变化，这些都使知识树呈现动态发展。前文我们所说的能力陷阱，从某种意义上来说，就是指知识的停滞状态。整个社会都处于日新月异的发展和变化之中，作为社会成员之一的我们如果总是墨守成规，固守原有的知识和技能，那么必然面临被淘汰的困境。

对于知识的学习，我们要有大局观，要以建立完善的知识树为目标，而不要满足于只拥有一片树叶。只拥有一片树叶的人，或者只学习了某项特殊的岗位知识，或者只掌握了某种碎片化的技能，或者只能完成自己的分内工作。这样就局限了自身的发展，无法快速提升自己的认知。学习知识恰如读

书，要先看目录了解大概的内容，再进行精读，在精读的过程中还要做好笔记，从而进行优读。不管是在校园里还是在职场上，学习的本质都是建立知识体系。

什么是学习力

如今,学习力的概念尽人皆知,但是真正了解学习力的人却少之又少。每个人的记忆力都是有限的,只有极其罕见的天才才能做到过目不忘。相比之下,大多数人都要经过有意识的训练,才能让自己的大脑灵活地运转,才能提升自己的理解能力和记忆能力。

现代社会中,很多人都为自己没有能力进行深度思考,考虑问题总是浅尝辄止而感到烦恼,这使得他们在面对上司交代的工作任务或者询问时无法给出深刻的回答。那么,怎样才能让自己具备深度思考的能力呢?那就是坚持阅读。需要注意的是,抱着手机看那些鸡汤文不算是真正意义上的阅读。所谓阅读,就要放下手机,购买一本与生活和工作都无关的书籍,这本书籍必须有深度,需要动脑才能读下去。只要每天都坚持抽出半个小时到一个小时的时间进行这样的阅读,假以时日,你就会亲身体会到深度思考的效果。很多人认为自己很容易就能做到这一点,等到真正去做才会发现,知易行难,坚持更难。这是因为现代人习惯了以浮光掠影的方式获取碎片化信息，而不再习惯于真正地沉浸在书本中，感受思考的魅力。看起来，每天用心阅读半个小时很轻松，真正坚持这么去做，就能够帮助我们在一年的时间里阅读50本书，这一定会起到令人惊叹的效果。

真正的深度思考，不是为自己一时面对的问题感到苦恼，而是能够保持有效思考，也建立起正向反馈系统，在思考之后给予自己想要的回答。思考恰如知识体系，目的都是以有效认知的方式摄入知识，继而打通大脑中的各个思维通路，形成多元化的思维方式。唯有实现这一点，我们才能渐渐地形成解决问题的能力。心理学家经过研究发现，大多数人的先天条件相差无几，之所以有的人显得非常聪明，有的人却显得有些愚笨，区别在于他们构建了不同的大脑程序公式，得到了不同的运算结果。当然，这样的能力并非与生俱来的，而是要在后天学习和成长的过程中，有意识地坚持深度思考，才能渐渐形成的。

在人体的各种组成部分中，大脑无疑是最神奇的存在。人们一直致力于探索大脑的本质，却发现大脑就像宇宙一样没有边际，人类所认识的只是一小部分，而对于大脑的大部分功能和潜能，人类还一无所知。我们可以把大脑比喻成CPU。

从这个意义上来说，我们每天之所以辛苦地工作，赚钱只是附带的作用，真正的作用在于训练大脑系统。每天，不管是在学习还是在工作的过程中，我们都在把各种各样的信息传递给大脑，大脑毫不挑剔地接受这些信息，渐渐地形成了自己的工作模式。如果我们每天都在高速运转CPU思考各种问题，那么日久天长，大脑就会越来越灵敏，而且在尝试改变的过程中提升相关的能力。反之，如果我们每天都在传递那些无用的信息给大脑，使大脑无须运转，那么大脑就会变得越来越懒惰，这就是我们常说的"生锈"了。和高强度的学习与工作比起来，看电视、看视频等都是不需要调动大脑高速运转的，所以一定要把更多的时间投入于学习和工作，而不要荒废宝贵的青春时光，让大脑渐渐地生锈。

大脑既能够处理来自外部世界的各种信息，也能够处理产生于自身的各种信息。大脑的适应能力是很强的，它还能指挥我们的身体适应新环境。总而言之，身体各个部位不同的感觉器官接受来自外界的各种信息之后，大脑唯一的工作就是对这些信息进行和处理和解读，将其转化为行为，进行输出。这就解释了大脑的反馈机制。我们不妨把大脑想象成一个庞大的机器，这部机器正是靠着互相联动的各种齿轮保持工作状态的。通常情况下，只需要以某种信息触动其中的一个齿轮，其

○ 复利思考

他齿轮就会马上联动起来。

大脑也是有记忆的，对于自己曾经的主张和观点，对于自己曾经的行为，大脑都将其保存为残余能量，在面对新鲜事物时，这些残余能量就会发挥作用，对于大脑产生一定的影响。此外，大脑还具有很强的主观意识，这使有些人表现为固执己见，不愿意接受外界的任何影响；也使有些人表现为墨守成规，坚持自己的做法不愿意做出任何改变。例如，在阅读一篇文章时，因为对作者怀有偏见，所以我们在还没有开始阅读之前就先入为主地带着批判的眼光，在阅读的过程中更是觉得这篇文章言之无理。为了引导大脑建立更强的反馈机制，不受到参与能量的影响，我们一定要建立目标，带着使命感和责任感从容地面对各种挫折和磨难，也激励自己排除万难成长起来。幼稚的人一旦发现现实不符合自己的理想，他们就很难接受。反之，一个成熟的人则可以让自己的心智与现实进行磨合，既接受丰满的理想，也接受骨感的现实。这意味着他们改变了固有的系统结构，不断地探索自己的内心，才能变得越来越强大。

第五章　知识复利：让知识形成习题，用学习构建模型

让努力实现最大价值

很多初入职场的新人都自认为努力，而且误以为自己很高效，这是因为他们还没有进行复盘。一旦复盘，他们就会发现自我感觉良好只是自欺欺人而已。例如，职场新人认为自己遵循严格的时间管理，却在复盘后发现自己每天真正全心全意投入工作的时间不足六个小时。那么，其他时间自己在做什么呢？去茶水间的时候和同事闲聊了片刻；吃完午饭后又喝了杯冷饮；午休虽然按时醒来，但是却用了一刻钟才清醒；去厕所的时候看手机，不知不觉间就过去了半个小时；……就这样，看似漫长的一天很快就过去了，本该完成的工作没有完成，只能堆积到明天。但是，明天还有明天的工作要完成，如此继续堆积下去，很快就有遗留的工作必须拿回家里加班才能完成了。这使得我们不由得感到懊悔：早知道延误工作要搭上休息时间，为何不在上班时间内争分夺秒，全力以赴呢？

对于每个人而言，不管是学习还是工作，都是需要复盘的。一个人如果具有复盘的能力，就会准确地洞察自己的目

标，以及自己为何没有完成目标，只有意识到问题所在，才能积极地改正错误，解决问题。反之，如果对于自己哪里出了问题一无所知，那么情况只会变得越来越糟糕。

那么，什么是复盘思维呢？古人云：吾日三省吾身。复盘思维不要求我们每天都进行自我反省，而是要求我们在一定阶段内定期自我省察。进行复盘，首先，要理解复盘的概念；其次，要有专业的工具；最后，要遵照专业的流程。直白地说，复盘就是寻找错误。当个人发展陷入瓶颈，或者面临无法解决的难题时，我们必须从置身事内转换到置身事外，这样才能站在客观的角度审视自身，也才能综合考虑到内外部的各种因素。在进行复盘之后，我们先要进行自我反思，从而积极地改正自身存在的各种问题，然后寻找外部原因，尝试着改变外部环境和条件。

"复盘"这个词语最早起源于下棋，指的是下完棋之后，复盘者把对战过程再次重现在棋盘上，从而可以以此为依据反思自己哪一步走得好，哪一步走得失策，或者哪一步还有更好的走法。如今，复盘不再专用于下棋，那么定义也就得以扩展。我们所说的复盘，指的是思考那些已经发生的事情，从而实现总结经验、提高自身的目的。从这个意义上来说，复盘包括五个步骤，即亲身经历、回忆事情发生的整个过程、积极地反省、深入地研究和致力于提高。需要注意的是，复盘和小结是有着本质不同的。复盘的目的是演绎，而小结的目的是如实记录问题和结果。因而复盘的侧重点在于改变，小结的侧重点在于记录。

如果认为复盘很简单，那么我们就大错特错了。要想把对事情的复盘做到尽善尽美，我们就要抓住三个因素，即深度、持续程度和频率。所谓深度，指的是复盘必须在认知上有所突破，而不要流于表面；所谓持续程度，指的是要在不同的阶段或者情况需要时坚持复盘，随着事物的发展，情况也千变万化，所以复盘不能一劳永逸，只有持续复盘，才能提高自我认知；所谓频率，指的是自我复盘要按照月份、季度或者年份进行，甚至还可以每周复盘、每天复盘，这样才能保证思维迭代的速度很快。如果复盘频率低，那么就会导致一个错误存在很长时间都得不到发现和改变，对于结果必然会产生消极的影响。

在职场上，人与人之间的差距是很大的。同时进入公司的大学毕业生，同样都没有经验，但是经过一段时间的成长和历练之后，就会相差迥异。有的人已经过了不惑之年还面临失业的窘境，有的人年纪轻轻就年薪百万，过着财务自由的生活。这是由每个人不同的成长速度决定的。

每个成功者都有自己成功的理由，他们的共同点在于复盘。复盘既是最有效的学习方式，也能够帮助我们及时校正选择路线。在团队中，复盘还有助于开展集体化学习，促使团队成员各自反思，相互学习。只要以包容的心态接受错误的存在，以积极的态度去改正错误，完善自身，复盘就会成为深度成长的重要方式。唯有坚持复盘，努力才会实现最大价值。

第五章　知识复利：让知识形成习题，用学习构建模型

避免重复思考的脑力浪费

终于到了休息日，一切收拾好准备出发去玩，你在临上车的时候，突然想起自己有可能没有关好家门，整个人顿时坐立不安，纠结万分回家去锁门，却发现门锁得好好的；约好要去见客户，你急急匆匆吃了午饭就来到地库，却发现自己不知道把车钥匙放在哪里了，到了办公室一通乱找，最后却发现车钥匙就在裤兜里；和同事约定周日中午一起吃饭，你睡到日上三竿才起床，这还不是最糟糕的，最糟糕的是你完全忘记了吃饭这件事，煮了个螺蛳粉把自己吃得饱饱的；为了向客户介绍策划案，你明明已经做了充分的准备，却在客户面前结巴到忘词，脑子里一片空白，使得原本精彩的策划案被淘汰；……

当发生这些情况的时候，你一定以为自己的脑子出了问题。请别过于紧张和焦虑，因为在认知心理学领域中，这些情况被统称为脑雾。打个比方来说，一辆汽车正飞快地奔驰在高速路上，但是却被挂了空挡，你惊慌失措，无论多么用力地踩刹车，汽车都毫无反应。这可怎么办呢？高速行驶的汽车被挂

117

空挡的情况不多见，但是对于成年人而言，脑雾却很常见。尽管常见，也不意味着我们就可以忽视脑雾。

在现实生活和工作中，侵扰的脑雾的确给我们带来了很多困扰。例如，不能集中注意力，思维的速度变得很慢，头脑总是迷迷糊糊的，记忆力越来越差，这些都是脑雾的具体表现。针对脑雾，科学家们进行过研究，认为大多数人之所以出现脑雾，是长期承受过大的压力，头脑不能保持清醒，缺乏持续的运动和锻炼，身体严重缺水，荷尔蒙失调，患上某些慢性疾病等导致的。为此，科学家们发明了很多方法用来治疗脑雾现象，这些方法都是以健康的生活方式为指导原则的，再辅以必要的手段扭转患者的生理因素和心理因素，提高患者的生活质量。事实证明，这些方法确实起到了一定的改善作用。

在现实生活中，我们以为自己只用了一个小时思考某个问题，实际上，大脑却在我们没有觉察的情况下用了更长的时间思考这个问题。这使得大脑长时间保持紧张状态，很容易陷入焦虑之中，也就会出现暂时的空白，换言之，就是失控现象。例如，很多人都有一心二用的特殊本领：在排队等待公交车的时候思考晚上吃什么；在课堂上听讲的时候思考要去书店买本书；在晚上躺到床上睡觉的时候还在思考未来一周的日程安排。正是因为如此，大脑始终处于思考的状态，虽然效率很

第五章 知识复利：让知识形成习题，用学习构建模型

低，却会持续紧张，导致产生脑雾。

面对整体问题，很多人都喜欢运用路径思维尝试着进行解决，这使得他们不但无法坚持有效思考，而且在思考的过程中又遇到新的问题，以致陷入一连串的问题之中。面对无法解决的问题，面对错误的方向，大脑就会死机，即不管多么努力都不能继续思考，也不能找到有效的解决方法。每当出现这样的情况时，最好的办法不是死死地揪住问题不放，而是先放下问题，暂停思考，清空大脑，说不定等到脑回路突然打通时，问题就能迎刃而解了。遗憾的是，很多人都做不到真正地放下问题，暂停思考，清空大脑。他们往往会在大脑中保存焦虑，使得焦虑感始终伴随自己，长此以往，他们也就无法成功地解决问题。

要想避免出现脑雾现象，最好不要把很多问题堆积在一起。如今，很多职场人士带着昨天还没有解决的问题来应付今天堆积如山的工作，如此循环往复，使他们始终没有机会真正地停下来，让大脑得到休息。大脑就像是一条通道，原本只能容纳一辆车顺利地通行，我们却偏偏强求两辆车并排而过，那么这两辆车当然会卡住，导致谁也过不去。最好的办法是先全力解决其中一个问题，或者在解决难题过程中卡壳时做到彻底放下，这样就可以容纳另一个问题了。

不难看出，正是思维层面的问题，导致了脑雾的产生。除此之外，外在免疫系统因素也在发挥作用，所以要想避免脑雾，就要坚持做到：避免摄入过多的糖分；避免过度控制饮食中的脂肪含量；避免摄入人工甜味剂；坚持摄入维生素D和维生素B12；避免身体缺水；避免熬夜和睡眠不足；避免诸如饮酒抽烟等其他刺激。唯有保持规律的作息，坚持健康的生活方式，我们的大脑才会更健康，更灵敏。

第五章　知识复利：让知识形成习题，用学习构建模型

学会追问

现实生活中，很多人都非常懒惰，他们懒得运动，也懒得思考，哪怕思考并不需要他们调动肢体。懒于运动会使我们失去健康的身体，懒于思考则会使我们失去健康的大脑。懒于思考的人在面对很多问题的时候压根不想寻找正确答案，他们唯一能做的就是接受难题的存在，也任由难题难住自己。其实，很多问题并不像表面看起来那么难，只要拥有求索的精神，追问到底，我们也许很容易就会透过现象洞察本质，也能够揭开迷雾看到问题的本质。

俗话说：打破砂锅问到底。对于每个人而言，追问是一种很好的学习方式。善于追问的人不能容忍问题的存在，也总是能够钻研透彻问题的本质。学会追问，使我们对于很多问题都会有更加清晰的认知，也使我们对于很多事情想得更加清楚和明白。很多孩子都喜欢阅读《十万个为什么》，其实，不仅孩子的心中有十万个为什么，在这个世界上，同样充斥着很多即使成年人也无法理解且不熟悉的人和事物。要想解开谜

○ 复利思考

团，只是被动等待是远远不够的，我们必须主动起来。

有一段时间，丰田汽车公司的一条生产线上的机器频繁地出故障，而且每次出现的故障是一样的，即保险丝被烧坏了。在几次更换保险丝之后，这个问题并没有得到解决，哪怕换了更粗的、质量更好的保险丝，机器还是照坏不误。这是为什么呢？为了查明真相，副社长大野耐一决定亲自询问生产线上的工人，看看到底出了什么问题。

这一天，大野耐一来到车间，问正在操作机器的工人："师傅，这个机器最近是不是闹罢工？您知道是什么原因吗？"工人不假思索地回答道："超负荷运转肯定要罢工的，保险丝烧断了还怎么继续工作呢！"

大野耐一又问："机器为何会超负荷运转呢？按照参数来看，现在的工作量是在机器负荷范围内的啊！"工人仿佛早就知道了原因，当即回答："轴承的润滑程度不够，所以摩擦很严重。"

大野耐一更纳闷了，又问道："那么，为什么不能润滑轴承呢？"工人回答："润滑泵吸不上来油了，如何能够润滑轴承呢？"

大野耐一继续追问："那么，润滑泵为何吸不上油了呢？"工人有些厌烦地看了大野耐一一眼，说："油泵轴摩擦时间久了，松动了。"

大野耐一接着问道："那么，油泵轴为何会被摩擦得松动了呢？"工人无奈地回答："没有过滤器，油泵轴里进入了铁屑等杂质，日久天长自然就被磨损了呀！"

接连问了五个问题，大野耐一总算知道了原因所在。后来，他安排给油泵轴安装了过滤器，过滤了杂质，因而从根源上解决了保险丝总是被烧掉的问题。

一个简单的问题，有可能有着复杂的背景。对于大野耐一而言，如果没有这场追问，他就会和其他人一样觉得这架机器老掉牙了，该淘汰了。其实，这架机器只是缺少一个过滤器而已。面对任何问题，我们都不应该流于表面。越是看似没有问题的地方，越是发生令人感到费解的问题，背后越是有需要深入探究的原因。从大野耐一身上，我们看到了追问的重要性。

人在职场，不管做什么工作，都要有探求到底的精神。如果只是满足于他人给我们呈现的一切，那么我们永远都只能流于表面，而无法认识到问题的本质，也无法寻找到解决问题的真正办法。

追问，正起源于人的好奇心和责任心。如果说大野耐一的追问是出于责任心，那么有些人的追问则出于好奇心。区块链运作之所以在很短的时间内就火爆起来，恰恰是因为"不要外传"这几个字营造的恰到好处的氛围。

只要有机会，我们都要拨开层层迷雾，见到问题的本质和真相。据说，雕塑《大卫》就是雕塑家去掉那些不需要的部分呈现出来的作品，可见去伪存真是必不可少的经过。既然如此，面对很多问题，我们一定要学会追问，这样才能不被表面所迷惑，也才能距离真相越来越近。

第六章

能力复利：实现人生的最大价值

要想在现代社会站稳脚跟，除了要有学历作为敲门砖之外，最重要的是有能力。很多时候，一纸文凭并不能代表什么，只有以能力证明自己，才能让他人对自己刮目相看。因而，我们除了要关注财富复利、知识复利之外，还要关注能力复利。当我们实现了能力复利，就能实现人生的最大价值。

论竞争对手的重要性

达尔文的进化论主张物竞天择，适者生存。正是因为存在不同程度的竞争，人们才会一直保持危机意识，世界才会始终保持进步。从科学的角度来看，这与马蝇效应是有相似之处的。那么，什么是马蝇效应呢？

1860年，美国总统人选在经过激烈的竞争后终于尘埃落定，林肯凭着最高票数当选。对此，人们开始揣测和议论，迫不及待地想要知道林肯将会任命哪些人担任不同的官职。其中，财政部长的职务备受瞩目，成为众人关注的焦点。令人感到百思不得其解的是，林肯总统并没有选中公众猜测的任何人担任财政部长，而是任命参议员萨蒙·蔡斯担任财政部长一职。对此，有人以蔡斯眼高于顶为由表示反对。原来，蔡斯也参与了这场总统竞选，他原本的目标是成为总统。现在，他输掉了竞选，又如何会心甘情愿地为林肯所用，为林肯效劳呢？

面对众人的担心和质疑，以及很多参议员的反对意见，林肯并不着急做出解释。他反而慢条斯理地开始讲故事：

○ 复利思考

"很久以前,我和兄弟还在肯塔基的老家辛勤地耕耘农田。有一天,我们合作犁地,我负责赶马,他负责扶犁。那匹马非常懒惰,平时总是一副恹恹欲睡的模样。但是那天,它却很反常地跑得特别快,我即使带着小跑也跟不上它犁地的速度,这是为什么呢?我奇怪极了,仔细地观察它有没有异常,最后发现它的身上有一只超级大的马蝇在吸血呢。难怪它会跑得飞快呢!要知道,蔡斯先生此刻也正像是那匹马一样,身上叮咬着一只马蝇呢,这个马蝇的名字就叫作'总统欲'。他正在因此而狂奔,我又何必要在这个时候让他停止奔跑呢?"听了林肯的话,众人恍然大悟,也情不自禁地对林肯做出的分析点头赞许。

不仅在总统大选中落选的蔡斯先生需要一匹马蝇的叮咬,我们每个人都需要马蝇的叮咬。因为被马蝇叮咬,马奔跑的速度越来越快。因为被马蝇叮咬,每个人的发展也会由弱变强。当然,叮咬我们的不是真正的马蝇,而是很多刺激的因素。例如产生于团队内部的压力、外部环境给我们的压力、竞争对手的鞭策和激励等,都会让我们忍不住拼尽全力狂奔起来。

孩子在学习阶段很需要为自己树立一个学习的榜样,他们一边模仿学习的榜样努力进取,一边受到学习榜样的鞭策和激励，奋发图强。这就是你追我赶的竞争精神。在职场上，压力的存在更是必不可少的。在销售行业里，很多人都把同事当成竞争对手；即使在同事之间没有竞争关系的行业里，因为升职加薪的机会有限，同事之间也会彼此较劲。事实证明，如果受到利益的诱惑，或者被阶段性地施加压力，那么人们就会有更大的成长空间。尤其是在看到身边的其他人都在发愤图强，全力以赴时，很多人都会情不自禁地感到焦虑，因而加快前进的脚步。

古人云：少壮不努力，老大徒伤悲。现代社会中，很多人也会说人生如同逆水行舟，不进则退。前者是以时间为参照物的，告诉我们要把握青春年华努力奋斗；后者是以身边的人为参照物，告诉我们人生不进则退。不管从哪个角度来说，我们都会感受到成长的压力，也会感受到竞争的压力。

众所周知，从大学毕业到35岁之前，是职场上的黄金时段。每个人都要抓住这段时间努力奋斗，坚持成长。如果不能在此期间为自己奠定职业发展的基础，那么在过了35岁逐渐步入中年的情况下，就会面临失业的风险，收入非但无法继续保持增长的态势，还有可能会减少。不可否认的是，现代职场的竞争是非常激烈的，每个人一不留神就会被时代远远地甩下，也会被人才辈出的后浪拍死在沙滩上。正是因为如此，人们才说有压力就有动力，也才要求大家把压力转化为源源不断的动力，督促自己全力以赴。

为了避开这样的局面，我们不要以赚钱作为唯一的工作目的。其实，工作最大的收获在于学习了各种知识，积累了各种经验，和赖以为生的金钱相比，这才是更加宝贵的隐形收获。他人也许能够夺走我们的机会，也许能够暂时压制我们，但是当我们把自己变成金子，我们不管在哪里都会发光。正所谓打铁还需自身硬，每个人要想更好地长久生存下去，就要把专业能力做足。

不仅个人需要马蝇效应，团队中更需要马蝇效应。在很多销售团队中，明智的管理者会想方设法地激发员工的潜能，让员工发挥最大的能量创造最好的业绩。如果对员工缺乏激励，那么整个团队就会如同一潭死水，了无生机，团队业绩自然会很难看。在这个世界上，没有任何员工是天生懒惰的，只要管理者能够激发员工的潜能，员工就会变成充满能量的小宇宙，创造出更多的奇迹。

具体来说，管理者用以激发员工潜能的方式很多，例如：可以在团队内部开展竞赛，不断扩大工作的范围和内容、举办形式丰富的内部竞赛；或者还可以把同一份工作交给两个人去做，最终择优采用。当然，每个团队的情况是不同的，管理者要根据每个人的奋斗目标和整个团队的奋斗目标，恰到好处地改变环境。否则，改变一旦过度，就会导致产生负面作用。举例而言，最好不要强迫员工加班，否则员工无法得到充分的休息，次日的工作效率就会极其低下，而且会危害员工的身体健康，使员工的缺勤率大大提升，这都是得不偿失的。

尽管压力能够转化为动力，但是过大的压力却会使人崩溃。所以不管是团队还是个人，在面对压力时，都要积极地调整好心态，端正态度去面对。在此过程中，还要制定长期目标，再把长期目标分解为中期和短期目标。这样每当实现目标之后，就能够获得激励，不但可以有效地消除疲劳，还能鼓励自己再接再厉呢！

○ 复利思考

每个人都需要内部驱动力

人人都需要内部驱动力，由此可见内部驱动力的重要性。不管做什么事情，要想持之以恒地做下去，哪怕遇到困难也决不放弃，就需要内部驱动力发挥作用。内部驱动力不但是动力的源泉，也是我们在遇到困难时产生勇气的源泉。

那么，内部驱动力到底是什么呢？直白地说，所谓内部驱动力，就是我们发自内心地想做某件事情，为此我们不惜调动自己所有的时间、精力和资源，只为了能够实现自己预期的目标。这种能力就是内部驱动力。

与内部驱动力相对应的是外部驱动力。内部驱动力是一种能力，而外部驱动力则是客观上能促进我们努力达成目标的外部影响力。如果说拥有内部驱动力的我们会心甘情愿地、不遗余力地投入奋斗和拼搏，那么拥有外部驱动力的我们则是因为被迫而不得不努力。

举个简单的例子来说，很多人都读过《西游记》。这部著作中，在九九八十一难面前，从来不曾动摇半分的只有唐僧。因为他是为了传播佛法而甘愿受苦去取经的,他所拥有的力量就是内部驱动力。相比起唐僧,几个徒弟则都是因为外部驱动力才跟随唐僧去取经的。例如:孙悟空是被派出保护唐僧的,即便如此,他也时常因为各种原因想要离开唐僧的身边,却因为被唐僧念起了紧箍咒头疼不止而不得不回来;猪八戒贪吃好色,看到美女美食也会想要留下来,最终又因为各种原因而被迫回到取经的队伍里。如果简单地说,拥有内部驱动力的人面对自己一心一意想做好的事情是不会打起退堂鼓的,而拥有外部驱动力的人面对自己不得不做的事情却常常动摇,这就是本质区别。

如今,很多父母都陷入了教育焦虑状态,恨不得自家孩子从出生就成为学霸,一路读名校,大学毕业找到一份好工作,那才省心呢!为此,他们想尽办法,不惜花费重金让孩子接受各种培训。很多孩子在父母的逼迫下小小年纪就失去了对学习的兴趣,总是和父母唱反调,逃学逃课,或者不完成作业。也有些孩子发自内心地热爱学习,他们知道学习是获取知识和智慧、改变命运的方式,也理解父母辛苦工作供养他们读书很不容易,最主要的是他们凭着优秀的学习成绩获得了老师更多的关注,获得了成就感,由此他们具备了学习的内部驱动力,在学习上进入良性循环,学习的状态会越来越好。毫无疑问，前者随着学习不断向前推进，会越来越厌恶学习；而后者随着学习推进，会越来越喜欢学习。有些父母会以威逼利诱等各种方式逼迫孩子学习，给予孩子外部驱动力，却只能起到短暂的效果。相比之下，内部驱动力的效果是更加持久的，所以后者在学习上会有更加稳定的表现，学习的效果也会越来越好。

在职场上，绝大多数职场人士对待工作三心二意，是因为他们只把工作当成是赚钱的方式，用金钱作为自己工作的外部驱动力。与他们相比，那些发自内心热爱工作的人则具有内部驱动力，他们愿意把时间和精力投入工作之中，不管面对成功还是面对挫折，他们都能坦然应对，初心不改。他们对于未来也有着美好的憧憬和向往，这使他们不但要借助于工作实现自身的价值和意义，也要借助于工作创造美好的人生。他们的内部驱动力是很强大的，强大到足以支持他们排除万难，一往无前。

在现实生活中，很多人之所以对某些事物缺乏内部驱动力，是因为他们认为这些事物并非他们的刚需。

曾经，有一只猎狗追赶兔子，兔子疯狂地逃命，居然从猎狗的眼皮子底下成功逃脱了。回到巢穴之后，其他兔子听了这只兔子的讲述都觉得难以置信，这只兔子却一针见血地指出:"我们的动力不一样啊,对于猎狗来说,抓不住我只是少了一顿美餐;对于我来说,如果不能成功逃脱就会丢掉性命。"由此可见,需求程度决定了我们内驱力的强弱。

所谓刚需,就是我们此时此刻认为非常重要的事情。对于这些事情,我们必须去做,如果不做,自己就会遭受一定的损失。反之,对于那些不是刚需的事情,我们则会在无形中犯拖延症。

例如,一个饥肠辘辘的人会马上给自己做饭,即使很害怕厨房里的炎热;但是,一个吃了五分饱的人,则不会马上顶着炎热酷暑去给自己做饭,而是会先等一等,看看自己有没有可能吃到现成的食物。这就是刚需与非刚需的区别。

那么,如何才能让自己养成不拖延的好习惯,对于那些自认为有必要做的事情当即就开始行动呢?除了是否刚需的差别之外,还在于个人的行为习惯。通常情况下,环境氛围会影响我们行为做事的风格,例如:父母雷厉风行,那么孩子基本不会是慢性子;老板是个实干派,那么带出来的员工也会有敢想敢做的勇气;老师性格比较急,遇到任何事情都很果断决绝,学生通常也就会全力以赴。除了这些因素的影响之外,我们在学习和成长的过程中,也要有意识地提升自己的行动力,使自己言必信,行必果。

○ 复利思考

田忌赛马的智慧

对于商场，很多人都有一个误解，即认为同行是冤家。其实，这句话只说对了一半。同行有时的确是冤家，但冤家未必都是同行。随着社会的不断发展，很多行业之间的界限被打破，因而更多的情况下，不是同行打败了我们，而是那些跨界经营的竞争者打败了我们。这就是商业中的错位竞争。

其实，在商场中，错位竞争是很常见的。对于一家公司而言，当在一个行业领域内取得了良好的发展，拥有了足够的交易额和用户量，就会生出跨界发展的心思，去抢占其他行业的空白市场。这就好比是孩子，在把属于自己的蛋糕吃掉大半后，知道自己无法从自己班级里的其他同学手中抢夺到更多的蛋糕，他们也许就会溜达到其他班级，若看到其他班级的蛋糕还剩很多，就会生出去吃其他班级蛋糕的想法。他们想得很通透：既然本班的蛋糕已经所剩不多了，那么如果还想吃蛋糕，只能去其他班级找。

对于跨界经营和错位竞争，克莱顿·克里斯坦森在著作

第六章　能力复利：实现人生的最大价值

《创新者的窘境》中进行了阐述。他认为，"如果一家公司面对面与行业巨头展开竞争，那么只有6%的成功率。如果一家公司抢占先机进入一个新兴领域，采取极具破坏性的创新竞争策略，那么将会拥有高达37%的成功率"。由此可见，跨界经营和错位竞争提高竞争成功率达到6倍之多，这个数字是惊人的。

对于很多错位竞争而言，其实只需要采取一系列的举措，就能顺理成章地开展业务。例如，首先要在公司内部组建相关的团队，在进行研发之后，就在小范围内测试采取何种商业模式，再投入大量资金用于推广，再从各个不同的角度对用户进行补贴等。这些套路都是老套路了，并没有什么新奇之处，关键在于要抓住时机抢占先机，从而占领市场。

在职场上，针对个人成长，错位竞争也是效果显著的。个人若想采取错位竞争的方式抓住某些机会，获得某些利益，就必须快速展开行动，以极低的代价发现差异化空白处，从而充实自己知识结构中的空缺，帮助自己形成核心竞争力。

很多职场人士总是盲目跟风，例如看到同事因为外语好而得到机会去拓展国外市场，也开始学习外语；看到某位同事做项目获得了成功，就也跟进类似的项目；看到某个同事学习社区运营，两年后就成为了大区总监，自己也赶紧去社区拓客……不得不说，这不是错位竞争，而是盲目跟风。盲目跟风与错位竞争的区别就在于，盲目跟风已经贻误了战机，只是在看到他人尝到甜头之后徒劳追赶而已；错位竞争则是抢在他人前面，开发大多数人都没有意识到存在商机的处女地。

所谓盲目跟风，说得好听点就是"同质化的表层顺位"。仅从表面来看，我们也可以想到"顺位"即以别人总结出来的方法、依照别人的顺序做一些事情。虽然顺位的安全性很高，所付出的成本也很低，但是竞争异常激烈，使得胜算的把握大大减小。相比之下，错位竞争需要付出的成本也很低，但是竞争却没有那么激烈，这是因为截至目前为止还没有人意识到这块巨大蛋糕的存在。

所以，要想建立个人的"高壁垒"，我们就要避免盲目跟风，要抢占先机，进行错位竞争。举例而言，如今电商发展势头迅猛，不同的电商平台都有自己的卖点，有的平台打出了闪电发货的招牌，有的平台打出来假一赔十的招牌，有的平台打出了货比三家的招牌。而实际上，大家出售的都是正品，而且发货时间相差不大。在这种情况下，任何平台都很难依靠顺位硬拼的方式让自己脱颖而出，那么就只能以差异化的方式抢夺客户资源。

如今，很多商家使用联名营销的方式，这也是错位竞争的一种手段。它们能够帮助商家快速吸引客户的注意力，赢得客户的关注。在此过程中，要想让错位竞争大功告成，我们还要注意扬长避短，即发展和发挥自己的核心竞争力，而避开自己的短处和不足。这就要求我们灵活运用错位竞争的思维，必须以自己的核心优势作为依托，既看到自己与他人的共同之处，也看到自己与他人的不同之处，继而以最快的速度寻找到空白的领域，致力于填补自身的弱项。细心的人会发现，那些在商业领域中有所成就的企业，通常都不喜欢跟风，而是会反其道而行，打出自己的招牌，亮出自己的与众不同之处。

在对错位竞争进行了深度分析之后，接下来我们又要回归到个人的成长和发展中来。首先，我们要制订一个几年之内的目标，以此目标来指引自己的行动。其次，我们要寻找一个动态发展的对象作为自己的动态目标，这个对象是可以追溯的，例如领导、朋友或者同学等。这样一来，随着对方的不断成长，你会发现自己需要学习、成长和提升的地方还有很多。再次，在努力的过程中不断地靠近动态目标，从而转变自我意识，相信自己也会变得和对方一样优秀，甚至比对方更加优秀。最后，错位竞争宁早勿迟，这是因为时间才是做所有事情最大的成本，因而我们要尽量在三十岁到来之前努力成长，取得应该取得的专业证书，也及时地扩大自己人际交往的圈子，让自己的思维变得更加成熟和先进。唯有如此，我们才能在三十岁之后从线性增长转变为指数级增长。

　　田忌赛马的道理既可以用于赛马，也可以用于商业经营，还可以用于自身成长。唯有参透其中的本质，我们才能灵活地将其加以运用，相信这个历史久远的道理必然给我们带来更多的惊喜。

居安思危，远离温水煮青蛙的危机

如果把一只青蛙丢入沸水中，青蛙感受到剧痛，马上就会从沸水中跳出来，逃得远远的。但是，如果把一只青蛙放入冷水中，然后在冷水下面架上柴火缓慢地升温，那么青蛙不会感受到危机的到来，而是会在冷水中自由地游来游去。随着水温一点点升高，它还会因水温升高而感到舒适。然而，等到水温高到青蛙不能承受时，青蛙才想起来要跳出来。遗憾的是，这个时候，死神已经来到了青蛙的面前，青蛙已经没有能力跳出即将沸腾的水了。

这就是温水煮青蛙的故事。现实生活中，很多人也因为天生的惰性，而心安理得地待在舒适区里，不愿意离开舒适区去打拼。他们和寒号鸟一样在春天和夏天都过着安逸舒适的生活，等到秋天到来，感受到丝丝凉意时，却因为已经习惯了安逸而不愿意立即改变自己。对于这样的人，在寒冬腊月里冻死是必然的结局。他们像是温水里的青蛙，在危机没有真正到来之前不愿意做出任何改变，而是得过且过，等到危机来到眼前的时候，却又已经无力逃离了。为了避免自己变成温水里的青蛙，我们必须时刻保持警惕，哪怕当下的生活很美好，也要居安思危，每时每刻都关注外部环境的变化，这样才能敏感地及时发现变化，及时发现危机，从而免于坐以待毙。

青蛙效应运用的范围非常广泛，不但生活中有很多人如同温水中的青蛙一样自我麻痹，在竞争激烈的商场上，也有很多人是温水青蛙。例如，在一些企业里，不管是员工还是管理者，都没有忧患意识，这使得他们对于各种问题的出现反应迟钝，无从应对，最终只能惨遭淘汰。还有些人虽然意识到危机有可能到来，却因为贪图眼前的安逸生活或者是那些微不足道的利益，而不愿意突破和改变自己，也会面临被淘汰的结局。从这个意义上来说，不管是做人，还是做事情，都要有能力及时发现问题，也要有能力及时解决问题，这样才能真正地突破问题，开拓创新。

在时代的洪流中，很多人把改天换地的大变革称之为时代的阵痛，这是因为任何改变都会被一些人所欢迎，也会被一些人所排斥和抵抗。然而，任何人都无法阻止变革的到来，这是时代发展的必然。虽然作为个人和组织结构在面对外部世界的很多不确定性时，必然会感到紧张焦虑，也会情不自禁地想要阻止历史的车轮滚滚向前，但是这些自不量力的做法只是螳臂当车而已。我们一定要看清楚真相,不仅不要阻止变革的到来,还要想方设法地进行变革,成为时代的带头人。在前段时间热播的电视剧《觉醒年代》中,我们看到陈独秀、李大钊等人,为了唤醒民众的思想意识所做的努力。正是因为有了这样的努力,随之而来的革命才能真正推翻旧时代,创造新时代。对于时代,如此;对于个人,也是如此。

此外,还需要注意的一个现象是,有些人原本是有努力动机的,却因为一些原因导致失去了动机,也就不想努力了。例如,一个孩子原本想趁着七天长假休息两天,利用后面的五天时间学习。但是,他才玩了一天,妈妈就指责他玩物丧志,误解他压根不想努力。这使得他原本主动自发的努力,变成了被人强求去努力。人都有逆反心理,对于自己心甘情愿去做的事情,大多数人都能克服困难坚持做好,但是对于被他人强迫去做的事情,大多数人却都不愿意去做。这就是被偷走了动机。对于这种情况,我们一方面要管好自己不要催促他人,偷走他人积极行动的动机;另一方面当自己被他人偷走动机时,也不要因此就灰心丧气,扰乱既定的计划。要知道,一切努力与进步都是完全属于我们自己的,其他任何人都不能偷走属于我们的成功。既然如此,我们就要笃定地做好自己该做的事情,从容地按照自己的既定计划安排好很多事情,而不要半途而废，或者临时改变主意。

俗话说，好吃不过饺子，舒服不过躺着。人的本性就是懒惰的，这是因为在懒惰的状态下，我们的大脑无须高速运转，我们的身体也可以保持最安逸舒适的姿态躺着。正是因为很多坏习惯顺应了人的本性，所以我们只需要很短暂的时间就能养成坏习惯；正是因为好习惯需要我们违背本性，与本性抗争，所以我们才需要漫长的时间才能养成好习惯。在后天成长的过程中，我们必须致力于培养自己强大的意志力，才能在大脑的放松状态和高速运作状态之间达到平衡。

通常情况下，新人入职一家新公司是很勤快的，这是因为面对完全陌生的工作环境，面对丝毫也不了解的领导和同事，我们要打起十二分的精神去努力应对。在入职一段时间之后，因为已经熟悉了本职工作，也与领导和同事相熟了，我们就会情不自禁地进入偷懒状态，找到一切机会偷懒。有的时候，我们还会受到很多老油条同事的影响，和他们一样迟到早退，和他们一样投机取巧。长此以往，我们作为职场新人就生出了油腻之感，原本对我们寄予殷切希望的领导也会对我们大失所望。

每个人的内心都应该有一根定海神针，也就是自己做人做事的原则。这样我们才能免于被周围的环境和人所影响，坚持做好自己。要知道，工作不是随大流就能做好的，这是因为每个人对于工作的期望不同。我们要成为有理想有志向的职场人，我们要对得起自己每一天的拼搏和努力。

人人都渴望在舒适安逸的环境中生活和工作，然而，舒适安逸的环境并非最适合个人成长的环境。向上攀登的路总是很艰难的，太过好走的路都是下坡路。一个人要想获得成长和进步，就不能始终躲在安逸舒适的环境中，否则就会越来越懒惰，越来越没有斗志。在温水煮青蛙的怪圈里，除了环境因素之外，我们内心的想法也起到了很重要的作用。很多人总是轻易原谅自己的不努力，轻易接受自己的落后和退步，不管做什么事情都想给自己留后路，其实这恰恰让自己走上了绝路。在努力成长的道路上，那些破釜沉舟让自己无路可退的人，一开始也许举步维艰，但是走着走着，就走到了柳暗花明的境遇之中，拥有了更多可供选择的道路，也拥有了更为开阔的个人成长空间。

从现在开始，不要再以改变作为口号了。正如罗曼·罗兰所说的，"那些缺乏意志力的弱者总是以宿命论作为借口"。我们需要的不是借口，而是努力拼搏的决心和勇气。人生是没有死胡同的，只要我们任何时候都不放弃，就总能在看似绝境的境遇中开辟出属于自己的生路，拥有无限的生机。正如古人所说的,"生于忧患,死于安乐"。一个人要想活得更好,就不能让自己过得太过安逸和舒适。一只青蛙如果不想被温吞地煮熟,就更是要时刻保持警惕,留意到水温的变化。当然,更好的方法是留在真正的大江大河里,这样就永远不会被煮熟啦!

认清自己，才能成长

人们常说，最熟悉的陌生人就是自己，这句话不无道理。其实，绝大多数人正是通过与他人的交往，才渐渐地认识了"自我"。毕竟，在一天之中的大部分时间里，我们看到的不是自己，而是他人眼中的自己；我们听到的不是自己，而是他人对自己的评价。这也有一个弊端，即没有人能够保证他人不是带着强烈的主观意识看待和评价我们的，所以我们虽然逃离了自我认知的主观局限，却在不知不觉间陷入了他人给我们带来的认知局限中。因此要想真正地成长起来，我们就必须认清自己。

认识自己是很难的，认清自己就更难。从管理者的角度来说，恰恰可以利用这一点激励和鼓舞员工。

例如，对于公司的新进人员，当看到对方每天迟到早退，上班时间玩游戏，对待工作三心二意时，最直接的方法就是辞退对方。但是，如果还想继续留用这个人，就可以引导对方形成自我认知。例如，可以采取"三明治批评法"激励对方："小张，我觉得你是同一批进入公司的新人里最聪明的，悟性特别高。你看，你虽然常常迟到早退，我还有几次看到你在上班时间玩手机游戏，但是你把工作完成得特别好，策划案很有创意，文字特别有美感。不过，咱们可不能恃才傲物，藐视公司规章制度，毕竟如果大家都向你学习，公司就没法管理了。我希望你将来能按时上下班，不要用上班时间玩手机游戏，那就太完美了。当然，如果你工作之余还有余力，也不能空耗时间，可以看一些和专业有关的书籍，我没有任何意见。"

相信在听了这样的一番评价之后，原本自由散漫的新员工一定会如同变了一个人一样，因为觉得自己受到领导的器重，而更加全力以赴地做好工作，也会抓住各种机会学习。这就是引导他人认识自己的独特魅力和神奇所在。

人人都想听好话，这是人之常情。正是因为如此，才有教育专家说，只有那些善于赞美的父母才能把孩子变成自己所期望的样子。这正是因为赞美改变了孩子的自我认知。当然，如果我们不能从外界得到准确的评价或者是良好的引导，那么我们可以自己努力认清自己。

做人，既不能妄自菲薄，也不能狂妄自大。唯有树立正确的自我观，对自己采取正向激励的方式，才能正向提升自我。

不管是在生活中还是在工作中，我们都可以运用自我评价的效应，突破自我认知的局限，真正地认清自己，让自己得以提升。

在心理学领域，这叫作"镜中我"效应。所谓"镜中我"效应，指的是一个人正是在与他人的关系中形成自我观念的。这与但丁所说的"走自己的路，让别人说去吧"是完全相反的。"镜中我"效应主张要以他人的评价作为基础，进行自我评价。

现代社会中，"镜中我"效应很常见。每个人每天都在使用各种社交软件展示自己美好的一面，就像很多女生会把经过美颜的个人照发到朋友圈里，当看到朋友们给自己点赞或者赞美自己时，她们就会变得更有自信。日久天长，她们就为自己设立了"美丽"的人设。在这种情况下，如果有人说了一句格格不入的话，批评她很丑，那么她就会耿耿于怀。这就是"镜中我"效应的典型表现。

每天清晨，我们起床的第一件事就是洗漱，我们要对着镜子里的自己梳理发型，整理仪容。然而，在"镜中我"效应中，所谓镜子并不是真正的镜子，而是大众。你所拥有的关注者越多，那么你的"镜中我"效应就越是明显。有些人特立独行，很少在意他人的看法和评价，那么他们的"镜中我"效应就很弱。在"镜中我"效应的循环中，众人即使过于美化我们，我们也不会感到不悦。相反，我们会极力完善自己的行为举止，让自己真正符合他人的至高评价。由此可见，"镜中我"效应对我们的影响是很大的。

但是，每个人的"自我认知"并不完全取决于"镜中我"效应。这是因为人多是非多，即使对于同一个人，不同的人因为自身的喜好不同，也会给出不同的评价。

此外，我们对于评价也是有一定衡量的，这使得我们会排斥和抗拒那些不公正的评价，也会努力提升自己，使自己符合那些正面评价。从心理学的角度来说，一个人之所以在意他人的看法和评价，是因为想要得到他人的有效反馈，既想知道他人对自己所做的事情正确与否的反馈，也想知道他人对自己这个人的反馈。

需要注意的是，不要迷失在他人的赞美之中，而是要始终对自己怀着清醒的认知。毕竟，不管在什么时候，分辨真伪的能力都是不可缺少的。

当然，因为各种复杂且微妙的关系，"镜中我"的效应不一定完全都是真实的。例如，在朋友眼中的我和在敌人眼中的我很有可能是完全不同的。我们要意识到这种不同的存在，以免形成自我认知偏差。

对于每个人而言，无须过于在意他人的评价，只需要坚持每天都有所进步，有所成长就好。

○ 复利思考

把一件事情做到极致

近些年来,很多人都开始看重匠人精神,因为这是一种技术的传承,也是一种文化和精神的传承。说起匠人精神,很多人第一时间就会想到世界上的两个制造业强国,即日本和德国。这两个国家一直都很注重培养制造领域的专业人才。那么,什么才是匠人精神呢?作为传承,并非指的是一味地模仿和沿袭,而是要在延续的基础上追求创新,要打破因循守旧、墨守成规的怪圈,让更多传统文化和技艺传承下去,发扬光大。具体来说,匠人精神就是把一件事情做到极致。极致这个词语具有很强烈的沧桑感,也蕴含着哲学的力量。在去很多艺术馆参观的时候,我们会看到一些标语,都在赞扬展品中的匠人精神和匠心。

对于匠人的理解应该是广义的,而非狭义的。从狭义角度来看,匠人所从事的工作是机械性的重复,仿佛并没有丰富且深刻的意义。匠人从事的工作或许简单或许复杂,但是重复是永恒的旋律。从广义的角度来看,匠人的本质是一种精神,每一个匠人都怀着虔诚之心,专注地打磨自己正在做的事情,力求把事情做到完美无瑕。实际上,和技术相比,匠人的人品是更加重要的,每一位一流的匠人都有一流的心性。换而言之,只有那些在心性上和技术上都接受磨炼,真正成熟的人,才能被称为"匠人"。如果只有技术,而没有匠心,那么就只能被称为"工匠"。相比之下,学习和掌握一门技术是很容易的,但是修炼心性却是很难的。一个门外汉只需要几年的学习就能学会相关的技术,但是如果没有一颗匠心即使穷尽一生,也未必能够修炼成为匠人。

北宋初期,赵匡胤让喻皓负责封禅寺的扩建工程。喻皓是当时最好的建筑师。接到这个重任后,喻皓每天都在忙碌着,不是测量这里,就是测量那里,对于有疑问的地方或者细节还会反复测量。他对于每一项工作都事必躬亲,绝不假手于人,还亲自挑选只负责搬运工作的工人。就这样过去几个月,在做好了全面的工作之后,终于完成了封禅寺的扩建工作,更名为开宝寺。

赵匡胤派来检查的官员发现,开宝寺不管是大处还是小处,每一处都充分体现了喻皓的用心。为此,众人纷纷为开宝寺的精工细作赞叹不已。这时,突然有人发现开宝寺的塔身明显倾向于西北方向。如此浩大的工程，居然被著名的建筑师彻底毁掉了，塔身居然是歪斜的，怎么会犯这么低劣的错误呢！面对众人的质疑和责备，喻皓从容地向大家做出了解释。原来，开封地处平坦之处，常年都会刮西北风，正是因为如此，他才特意把塔身修建为向着西北方向倾斜。这样，等到一百年之后，在常年刮起的西北风的作用力下，塔身就会慢慢地正过来，这样就延长了塔的寿命。否则，如果塔身在修建的时候就是正的，等到一百年之后，就会被西北风吹得朝着东南方向倾斜，甚至摇摇欲坠。

大多数人都认为，作为建筑师，只需要负责打造完美的建筑就完成了本职工作。但是，喻皓作为建筑大家，独具匠心，不仅对建筑本身巧妙构思，精细建造，更是把气候因素也纳入了考虑范围之内，这就是匠心。喻皓之所以能够成为匠人，正是因为具有这样的匠心精神，否则他充其量也就是一名称职的工匠而已。

在现实生活中，每个人都是一名普普通通的工匠，在自己所从事的工作领域中承担起自己的分内责任。在这其中，能够投入所有的心力于细节之处的人，凤毛麟角。作为普通的工匠，要想具备匠心精神，成为真正的匠人，就一定要把某件事情做到极致。具体来说，就是要全心投入于当下的工作中，在专注的过程中磨炼自己的心性，形成自己的心流。

所谓心流，就是心理学领域中专注从事某项活动的心理状态。如一个人全心投入地打了半个小时篮球，或在一定的时间内高效地完成了一篇文章。在心流状态下，人必须做到把精神状态、思考和行为高度整合起来，这样才能在当下投入自己所有的精力。在此过程中，他们会高度专注，也高度兴奋。毫无疑问，每一位匠人在面对自己的工作时都有着这样的心流状态，他们集中精神专注于当下，不为外界的很多人和事情所干扰。要想实现这样理想的心流状态，就要做到以下几点。

第一，营造良好的环境和氛围。这可以助力我们实现理想的心流状态。

第二，为自己的心流状态设置开关动作。这样在学习和工作的过程中，即使外界的环境和氛围并不理想，我们只要启动开关动作，就能条件反射般地进入心流状态。

第三，把任务变得更加具体。很多时候，我们面对一个抽象的问题，往往会因为拖延症而延迟完成，或者因为没有具体的目标和要求而完成质量大打折扣。那么，要避免这样的情况出现，我们要预先把任务设置得更加具体，更加生动，如此我们才能当即进入全力以赴完成任务的良好状态，也能在完成任务的过程中始终坚持高标准严要求。

第四，以外部力量给自己施加压力，例如：给自己限定完成某项特殊任务的时间，让周围的人监督自己，每天坚持打卡等。每个人的自觉主动性都是有限的，如果能以有效的方式为自己施加压力，那么就会逼迫自己坚持努力，从而养成独具匠心、成为匠人的好习惯。

第七章

健康复利：拥有健康是做一切事情的基础

不管是面对学习、面对工作，还是面对人生中其他的重要事情，我们都需要拥有健康的身体。正如大家所说的，健康的身体是1，其他的一切都是0，唯有以健康为前提，0才是有意义的。毛泽东也曾经所说，身体是革命的本钱。由此可见健康的重要性。

以结果为导向，才能实现初心

如今，很多人都养成了有问题就上网搜索的习惯。只要遇到难题，他们第一时间就会打开百度，向其询问答案。如果在百度中输入"如何才能"这四个字，那么瞬间就会有千奇百怪的问题呈现在我们面前，例如：如何才能取得好成绩，如何才能找到好工作，如何才能顺利增肥，如何才能成功减肥等。在知识泛滥的年代里，大多数人仿佛都改变了思考问题的方式。

曾经，人们热衷于思考"为什么"，现在，人们更加热切地想要知道"如何才能"。这意味着人们思考问题的方式从探究原因转化为以结果为导向，这是更加急功近利的体现，也表明现在的人在做很多事情的过程中都追求立竿见影的效果。

在这个世界上，大多数人的人生都是截然不同的，这并非是因为他们的天赋不同，而是因为他们的思考方式不同。有些人在有了各种好的想法和创意之后，甚至是在做出初步计划

○ 复利思考

之后，就陷入了思考的死胡同里，一直在问自己"能不能"而耽于空想，始终不能切实地采取有效的行动。由此一来，他们始终躲在温暖舒适的安逸区里，慵懒懈怠，眼睁睁地看着机会从自己的眼前溜走。

和他们截然不同的是，有些人则是典型的实干家和行动派，他们不能忍受自己无休止地思考和空想，而是致力于探索"如何才能"，这使得他们在进行了相应的准备之后，就开始了冒险的征途。他们看起来并没多少资本保证自己必然能够获胜，但是他们拥有莫大的勇气，也能下定决心坚持去做自己想做的事情，不坚持到最后一刻绝不会轻易放弃。在努力的过程中，他们有可能面对很多此前没有预料到的困难，也有可能随着不断地推进某件事情而使得一些困难迎刃而解。

从这两类人身上我们可以得出一个结论，即不要在"能"与"不能"之间继续摇摆不定，最重要的是坚定不移地告诉自己"能"，然后去做。大多数成功者都是在做的过程中排除万难才能抵达成功彼岸的，而大多数失败者则在还没有开始亲身尝试之前，就被"不能"的答案拍死在了在沙滩上。

作为团队的管理者，必须具备的一项重要能力就是排除掉"不能"的选项,侧重于思考"如何才能",这样就能转变自己的思维,使自己从消极到积极,从被动到主动,从而带领整个团队克服困难,砥砺前行。这就是"如何才能"思维的神奇和魅力所在。

对于某一件事情,我们的态度是由思考的逻辑导向决定的。如果我们的思考是以过程导向为主再推演出结果的,那么我们就会问自己"能不能";如果我们的思考是以结果导向为主的,那么我们就会问自己"如何才能"。这使得我们意识到自己必须为结果负责,从而以结果为依据逆向思考自己应该拥有怎样的"过程"。这使得我们最终所拥有的结果是完全不同的。

在职场上,我们每天除了要完成自己的既定工作之外,还有可能会被领导临时委派以重任。

例如,到了下班之前,领导突然交代你要完成一个产品推广的方案,并且于明天下班前交给他。看起来,领导给了你24小时,实际上你如果不愿意加班,就只能利用次日完成其他工作的闲暇时间完成。你脑海里的第一反应是什么?"不可能,这个任务根本不可能完成。"如果你这么想,你就会带着强烈的抵触心理对待这项工作,也真的很有可能无法完成这项工作。而如果以结果为导向思考问题,当即想到"如何才能"完成这项工作。那么，你就会想到可以在下班后利用一个小时时间查阅相关资料，在次日争取上午完成所有分内工作，然后利用下午的时间完成策划案。如此一来，你不但完成了这项工作，而且时间还很宽裕呢。这就是以过程为导向的"能不能"和以结果为导向的"如何才能"之间的本质区别。

很多任务看似无法完成，其实只要我们发自内心地接受这项任务，也真正发掘自身的潜能去完成任务，我们就能在任务背后找到成功的方法。最重要的是，不要被问题本身困住，而是要更加深刻地认知自我，发掘自身潜能。

要想坚持以结果为导向的思维模式，我们就要做到以下几点：

首先，确立目标。所谓目标，正是结果，只有在目标的指引下，我们才能坚持正确的方向，不断努力。

其次，要变被动为主动，只有以目标为导向，分解过程，我们才能最终明确自己需要怎么做，才能一步一步实现预期的目标。

最后，制订并且坚决执行计划。人生是一条漫长赛道，随着比赛进程的不断推进，很多人都无法继续坚持下去，最终渐渐落后，甚至彻底放弃。为了避免这种情况出现，我们一定积极地制订计划,并且坚持执行计划。这么做也许会很难,但是在每实现一个小小的阶段性目标之后,我们一定会欢呼雀跃,为自己的努力和坚持而喝彩。

○ 复利思考

持续发展的人生不需要太用力

　　对于人生，有些人总是敷衍了事，不愿意全心全意地创造属于自己的精彩人生，而是盲目地跟随身边人的脚步，以被动进步的姿态应付人生。与这样的人恰恰相反，有些人则对人生用力过猛，他们为自己设置了很高的目标，却不给自己宽裕的时间去实现目标，为此他们不停地催促自己努力努力再努力，拼搏拼搏再拼搏。对于他们而言，人生除了努力和拼搏，似乎没有其他值得全心全意投入去做的事情。难道他们因此就能一蹴而就地获得成功吗？当然不是。事实证明，在这么做的过程中，他们耗尽了所有的时间和精力，也耗尽了自己所有的才华和能力。等到他们精疲力竭的时候，却发现自己连人生的中点都没有抵达呢！这种情况下，他们只能看着周围的人不断地超越自己，而自己却心有余而力不足，只能如同蜗牛一样慢吞吞地向前爬行。

　　对于人生，很多人都陷入了错误的认知，即把人生看成是一场片刻之间就能见分晓的短跑，而没有意识到人生是一场马拉松比赛，不但考验人在听到发令枪响那一刻的爆发力，更加考验人在后续奔跑中是否有持之以恒的耐力。只有正确地认知人生，端正态度对待人生，我们才能够真正成为人生的长跑者，始终持续不断地努力向前。

作为公司里的新人，小可每天晚上都主动留在公司加班。忙完手头上的工作后，他就会去公司档案室找出老项目的资料学习。有一天晚上，已经深夜11点多了，小可看项目资料入神，丝毫没有觉察到时间已经这么晚了。这个时候，老板从办公室里走出来，惊讶地问小可："小可，你怎么还没下班呢？"小可说："老板，我才进入公司，很多事情都不懂，就想利用下班时间学习学习项目资料。"老板说道："年轻人勇气可嘉，不过可要注意身体啊！"小可谢过老板的关心，这才下班。

次日，老板看到小可昏昏沉沉地坐在工位上，困得连眼睛都睁不开了。趁着中午大家都下楼吃饭了，老板又叮嘱小可："小可，下班之后如果想学习项目资料，一定要控制好时间，保证正常休息，否则就得不偿失了。我看你今天上交的文件上有很多小错误，这就是休息不好头脑昏沉导致的。工作可是永远也做不完的，谁能均衡好各方面的事情，谁才是真正的胜利者。"小可赶紧向老板表示歉意，也陷入了沉思之中。

如今，一些企业提倡狼性文化，以各种方式激励和鞭策员工要不顾一切地努力，其实这样的做法是不可取的。不管是个人的成长，还是企业的发展，都要讲究可持续性。毕竟，成功不是突然降临的，必须付出持久的努力积少成多，由量变引起质变，个人和企业才能获得真正的飞跃。

在个人成长和企业发展的过程中，切勿以透支的方式谋求暂时的发展。在很多情况下，一个人哪怕付出了百分之百的努力，也未必能够获得百分之百的成功，这是因为成功取决于各种因素的综合作用，而努力只是其中更为重要的因素而已。过于用力地对待人生，意味着我们心态浮躁，也许一时之间势头很猛，但是长久下来却会出现后劲不足的现象。太用力地对待人生，我们也会对人生怀有过高的心理预期，多了几分急功近利，而少了几分淡定从容。这使得我们的内心非常脆弱，一旦看到结果不符合预期，我们就难免会感到失望沮丧，甚至会自暴自弃，牢骚满腹。太用力地对待人生，我们会把所有的时间和精力都投入工作中，对于工作中任何的得到和失去，对于工作中哪怕是非常微小的收获，也会患得患失，也会过于在意，这只会使我们身心俱疲，渐渐地失望大于希望，放弃大于努力，使得人生进入下行的轨道。

要想让人生实现可持续性发展，我们就不要太过用力地对待人生。在很多情况下，既然努力并不能保证得到满分，我们为何不适当地放松一下，也适度地降低对自己的预期和目标呢？当以更从容不迫的状态投入人生之中，本着尽人事听天命的原则对待人生，我们说不定还会有意外的惊喜呢！当得到了自己的犒赏，我们就会更加振奋精神，全力以赴地面对未来，全力以赴地抵达终点。

不要太过用力地对待人生，是符合复利效应的。一个人应该温和坚定且有力量，对于要做的事情，无须大张旗鼓、拼尽全力地去做，因为哪怕是一下子投入了所有的力量也未必能立刻成功。正确的做法是，默默地做好自己该做的事情，在一次又一次的积累和历练之后，渐渐地拥有持续发展的资本和足够的力量，等到合适的时间点就会获得成功。缓慢地积累，坚持长期投入，讲究效率，这正是复利效应的核心所在。

● 复利思考

远离坏习惯，形成好习惯

记得网络上有一句顺口溜，大概意思是"晚上想想千条路，白天醒来走老路"。这充分向我们验证了理想和现实之间的差距，也证明了空想与行动之间遥不可及的距离。太多人都对于自己人生的现状不满意，他们每天晚上临睡觉之前都会陷入空想之中，以无穷无尽的想象力幻想着自己次日一定要做出改变，如同重获新生一样披荆斩棘，乘风破浪。但是到了次日，面对一如往常的一切，他们马上就会偃旗息鼓，把自己所有的空想都扼杀在摇篮之中，而后又开始走起了老路，重复着一成不变的生活。这除了可以解释为人的本能就是懒惰之外，也可以看出习惯的力量。很多坏习惯都顺应了人的本性，因而根深蒂固，很难改变；很多好习惯的形成都需要与本性作斗争，因而很难养成，必须付出很多时间，也必须有极强的意志力去坚持。

在职场上，无数人每天晚上都会陷入焦虑状态，这是因为他们又虚度了一天的时间，把前一天制订的计划完全抛之脑后了。面对着变成了空想的计划，他们无限懊悔。那么，能不能从心理学的角度对此做出解释呢？当然，这是典型的场景性路径依赖。这意味着每个人一旦沉迷于路径依赖，路径依赖就会持续地刺激大脑，使人在不知不觉间出现上瘾行为，并且被动地强化这种行为。日久天长，陷入路径依赖的人就会彻底失去耐心，也不再对改变抱任何希望。这时，路径依赖就大获全胜。

在生活和工作中，路径依赖的现象屡见不鲜。例如，很多人明明知道现在的工作流程不合理，但多年以来一直是这样做的，还是别进行新的尝试了吧；在餐饮一条街上，面对众多的选择，很多人明明想要尝试不同的口味，去一家新餐馆吃不同风味的美食，但是他们在思来想去之后最终还是选择吃常吃的那一家餐馆，因为他们不愿意踩雷；……这些在生活中不胜枚举的事例都是路径依赖的具体表现。在做决策的过程中，很多人都因为受到过去习惯的影响，哪怕明知道很多情况已经变化了，他们也不愿意与时俱进地做出改变。路径依赖的副作用是非常明显的，总是使人脱离实际，不能拓宽人生的道路，更无法拥有更为开阔的人生天地。

那么，如何才能摆脱路径依赖，从那些墨守成规的思维模式中挣脱出来，从而战胜自己的本能，形成很多好习惯，并且与时俱进地获得进步与成长呢？

　　路径依赖的作用可以分为积极作用和消极作用。积极的路径依赖，即好习惯能够对人产生正面作用；消极的路径依赖，即坏习惯则会对人产生负面作用。要想避免消极的路径依赖，首先要尝试突破信息的局限性，以开放的心态接纳和包容更多的信息。其次要下定决心舍弃沉没成本。很多人都舍不得放弃已经做出的付出，因而在错误的道路上越走越远，正如前文所说的，及时止损也是一种收益。明智的人一定要及时止损。最后要形成良好的路径习惯。在职业发展中，一个人能够取得怎样的成就，人生能够抵达怎样的高度，主要取决于是否形成了有益于人生发展的良好路径习惯。例如，坚持阅读就是很好的路径习惯。唯有如此，我们才能促使思维方式不断地更新和进步。

第七章 健康复利：拥有健康是做一切事情的基础

掌控欲望，才能掌控自我

王阳明说："人须有为己之心，方能克己，能克己，方能成己。"这句话告诉我们，每个人都要有一颗勇于检讨自我的心，这样才能克制自己的欲望；唯有克制自己的欲望，一个人才能成就自己。正如有人曾经说过的，每个人最大的敌人就是自己，其实这样的说法正建立在人很难克制自身欲望的前提下。现实生活中，每个人都会受到各种各样的诱惑，尤其是物质和金钱的诱惑。如果看到别人穿着名牌衣服，开着名牌车，自己只有咬紧牙关拿出一大笔钱才能购置同样的行头，那么当事人的内心就会陷入纠结之中：一边是欲望，一边是理性，简直要把他撕裂了。由此可见，那些不切实际的想法很少会使人陷入欲望；恰恰是那些自己有能力，却又会因此而影响自己在其他方面的消费或者是正常生活的欲望，才有克制的必要。

因为攀比，因为嫉妒，很多人都会因为一时冲动，而做出让自己后悔的事情。例如，上午才发了工资，下午就用工资购买了各种大牌衣服，结果接下来一个月都会为此而付出代价。如果理性占据上风，那么就会想到一味地追求名牌而影响自己的生活是毫无必要的，生活不是过给他人看的，而是过给自己的。要想掌控欲望，就要清醒地认知自身的情况，也要修炼自己的心性。

每个人都应该提高对自己的要求，并且严格达到要求。在长期坚持这么做的过程中，我们不但能够克制欲望，还能实现自律。对于为人处世而言，不仅包括与他人相处，更包括与自己相处。这需要修身，也就是克制自己。克制自己，意味着能区分不同事情的轻重缓急，能够处理好生活与工作之间的关系，能够坦然从容地面对很多不期而至的难题。自律，意味着必须放弃那些不符合自身情况的欲望，必须督促自己坚持努力，而不要陷入舒适区贪图安逸。自律，还要控制自身的情绪，不要任由各种激烈的情绪泛滥，给自己和他人都带来很多烦恼。

在这个世界上，不管是人还是动物，都有欲望。欲望是最基本的、最原始的本能之一。如果研究人的欲望，那么就会发现欲望的本质是渴望获得满足。对于人生，人有各种各样的欲望，正是这些欲望构成了每个人的个性化需求。马斯洛曾经把人的需求分为五个层次，由低到高的欲望随着人生的不断进展而获得满足。马斯洛的需求层次理论也告诉我们，因为周围环境的持续变化，因为自身的成长和发展，人对于这些需求的重视和急迫程度也是不同的。

从生理学的角度来说，欲望来自大脑的多巴胺分泌系统。科学家以小白鼠为实验对象，去除了小白鼠的多巴胺分泌腺，结果发现小白鼠变得毫无欲望，哪怕感到饥渴，也不会主动地去寻找食物和水源。也可以说，小白鼠失去了生存的欲望。由此可见，欲望对于人而言并非只会起到坏的作用，其实，只要适度地控制欲望，合理地满足欲望，欲望就会对人起到积极的作用。反之，如果人沦为欲望的奴隶，被欲望所驱使，为了满足欲望而不择手段，那么人就会沉入欲望的无底深渊之中，再也没有救赎自己的机会。

从本质上来说，欲望是生命自发系统中的重要组成部分，能够调解生命的状态，对于生命而言具有重要的、不可取代的意义。要想让欲望起到恰到好处的积极作用，我们就要深入了解欲望，积极掌控欲望，而不要因为欲望而自甘堕落，自甘沉迷。例如：很多孩子都喜欢玩网络游戏，其实适度地玩网络游戏并不会影响孩子的健康成长和学习，反而能够帮助孩子排遣压力，但是一旦过度，孩子每时每刻都想玩游戏，不但没有心思学习，而且茶饭不思，那么网络游戏就会成为孩子成长中的可怕黑洞，吞噬孩子的时间、精力，也吞噬孩子的生命力。很多孩子为了玩游戏从家里偷钱，甚至为了玩游戏而不惜伤害他人抢钱，这就是迷乱心智、沉沦欲望的表现。

面对欲望，有人采取压制自己克制欲望的办法，简单粗暴，效果立竿见影。但是，这种方式并不能真正有效地解决欲望，只是暂时掩盖了大脑的需求而已。要想克制欲望，就和大禹治水一样，只能采取疏通的方式，而不能采取堵塞的方式。例如，很多父母以强硬的方式禁止孩子触碰网络游戏，孩子也许迫于父母的威力而暂时放弃玩电脑游戏，但是玩电脑游戏的欲望始终在他们内心深处发酵，愈演愈烈。明智的父母会和孩子达成一致，每天留出固定的时间让孩子玩电脑游戏，等到孩子玩过之后就必须兑现对父母的承诺，去做其他事情。随着时间的流逝，孩子对于电脑游戏的欲望得到满足，不会再那么强烈和迫切，也就可以静下心来去做别的事情。

无论怎样，欲望都代表着身体需求，代表着我们需要去解决一些问题。面对这种情况，与其对抗，不如疏通，与其压抑或者强迫，不如正面面对，理性解决。

第七章 健康复利：拥有健康是做一切事情的基础

抱怨，只会让事情更糟糕

人是情绪动物，每个人都有情绪。面对愉悦的情绪，人人都表示欢迎；面对糟糕的情绪，人人都避之不及。即便如此，坏情绪依然是难以避免的，每个人都有可能被坏情绪纠缠。在这种情况下，一味地忍耐无法消除坏情绪，我们必须寻找合理的途径发泄坏情绪，发泄心中的不满和怨愤，才能让自己的心情变得更加舒畅，情绪也渐渐好转起来。为此，有相当一部分人都采取发牢骚的方式发泄坏情绪。那么，发牢骚或者抱怨真的有用吗？事实证明，抱怨除了能够让愤怒的人在当时吐为快之外，对于解决问题并没有任何好处。在很多情况下，因为喋喋不休的抱怨，事情反而会变得更加糟糕。

曾经，有一家工厂的生产效率越来越低，眼看着工厂经营困难，濒临倒闭。这个时候，工厂邀请心理专家带领实验团队入驻工厂，研究出现这种情况的原因。在对工厂进行调查之后，心理专家发现工厂对于很多方面的管理都是没有问题的。思来想去，心理专家决定对工厂进行一项为期两年的实

○ 复利思考

验。在长达两年的时间里，心理专家带领团队成员和工人们进行谈话。在规定的谈话时间里，心理学家要以积极的态度倾听工人对工厂的抱怨、牢骚和意见，不管工人说什么，心理专家都不能表示反对。在谈话过程中，心理专家还详细地记录了交谈情况。实际上，他们并没有采取任何措施改变工人不满的地方。但是，渐渐地，情况有了好转。工厂的效率从不断下降转变为慢慢提高，不仅如此，工厂的生产规模和产量居然出现了很大幅度的增长。这是为什么呢？这就是心理学领域尽人皆知的"霍桑效应"，那位心理专家就是霍桑。霍桑效应告诉我们，给予关注、允许抱怨，就能激励人们产生强大的动力。

受到霍桑效应的启发，在日本，很多企业都非常重视引导员工发泄情绪，例如松下公司。和很多企业为员工设置了茶水间、医务室等不同，松下公司还特意设置了发泄室，专门供给员工发泄不良情绪。更有意思的是，他们还在发泄室里摆放着很多玩偶，玩偶上张贴着不同管理者的照片，也包括松下幸之助的照片。在发泄室里，员工不管做出多么过激的举动，都不会被理解为不尊重管理者，例如：他们可以骂玩偶，可以对玩偶拳打脚踢，等等。由此可见，对于很多人而言，发牢骚、抱怨，真的是不可缺少的情绪发泄方式。

这不是因为每个人都喜欢发牢骚，喜欢抱怨，而是因为在生命的漫长旅途中,每个人都会遇到各种不如意,都会有感到情绪崩溃的时候。人们常说,人生不如意十之八九,这句话是非常有道理的。很多时候,我们不可能完全顺心如意,而是会常常事与愿违,这就使得牢骚、不满呼之欲出。尤其是在职场上,很多人对于自己的遭遇和得到的对待,常常觉得不公平,这也是抱怨的根本原因之一。

不可否认的是,抱怨具有很强的传染性,一个人在抱怨的时候,哪怕不会影响他人,也会使自己进入负面的循环之中,如此无休无止地抱怨,最终放弃继续努力,放弃尝试改变。当然,有些人也会在抱怨之后变得积极,勇敢地战胜困难,最终获得自己想要的结果。那么,为何会有这样的区别呢?关键在于倾听我们抱怨的人能否从正面引导我们,如果还是以消极的心态和我们一起吐槽,就会无形中加重我们的不满。在某种意义上,这与从众心理有着微妙的关系。例如:一个人原本就感到不满,又在抱怨的过程中受到同伴的负面引导,因此决定辞职,重新寻找一份工作。而如果同伴能够激励抱怨者换一个角度,以积极的方式看待问题,那么说不定抱怨的人就会改变主意,选择积极地应对和解决问题。

要想避免因为抱怨而自暴自弃,从自身的角度来说,要调节好自己的心态;从他人的角度来说,要给予抱怨者正向的引导。通常情况下，爱抱怨的人很容易受到他人的影响，导致渐渐地忽略了自己真实的想法。对于自身的性格特点，每个人都要有清醒的认知，也要避免发生糟糕的情况。

在这个世界上，每个人都有形形色色的愿望，遗憾的是，一个人只能实现自身很少的愿望，而对于自身的大多数愿望都只能怀着遗憾的态度放弃。对于没有实现的愿望，对于没有被满足的欲望，我们应该找到合适的倾诉对象，才能在倾诉的过程中从对方那里得到支持、帮助和力量。

参考文献

[1]王智远.复利思维[M].北京：中国水利水电出版社，2021.

[2]沈帅波.伟大的复利[M].杭州：浙江人民出版社，2022.

[3]李杰.复利信徒[M].北京：中国铁道出版社有限公司，2020.

[4]张延杰.复利常胜之道[M].北京：中国铁道出版社有限公司，2021.

[5]克里斯坦森.创新者的窘境[M].胡建桥，译.北京：中信出版社，2013.